数学专业同步检测丛书

适用华东师大·第五版

数学分析
同步检测卷

主　编　张天德　栾世霞
副主编　孙钦福　胡东坡

山东科学技术出版社
·济南·

目　录

院系________ 专业________ 班级________ 姓名________ 学号________

弥 封 线

第一章　实数集与函数

巩固练习 A 卷（满分 100 分）

一、填空题（每小题 2 分，共 10 分）

1. 设 $f(x)=\begin{cases}1+x, & -\infty<x\leqslant 0,\\ 2^x, & 0<x<+\infty,\end{cases}$ 则 $f(-1)=$________，$f(1)=$________.

2. 函数 $y=3\arcsin\left(\lg\dfrac{x}{10}\right)$ 的存在域是________，值域是________.

3. 函数 $y=\tan 5x$ 的周期为________.

4. 函数 $y=\dfrac{2x}{1+x^2}$，$x\in(0,+\infty)$ 的下确界为________，上确界为________.

5. $S=\{x\mid x^2<2\}$，则 $\sup S=$________，$\inf S=$________.

二、解答题（每题 10 分，共 60 分）

1. 解不等式 $|2x-1|<|x-1|$.

2. 设 $f(x+1)=x^2-3x+2$，求 $f(x)$.

设 $f(x)=ax^2+bx+c$，证明：$f(x+3)-3f(x+2)+3f(x+1)-f(x)\equiv 0$.

A,B 为非空数集，元素均非负，定义数集 $AB=\{z \mid z=xy, x\in A, y\in B\}$.
明：$\inf(AB)=\inf A\cdot\inf B$.

学号＿＿＿＿ 姓名＿＿＿＿ 班级＿＿＿＿ 专业＿＿＿＿ 院系＿＿＿＿

弥 封 线

第一章　实数集与函数

优化提高 B 卷(满分 100 分)

一、填空题(每小题 2 分,共 10 分)

1. 定义在 $(-l,l)$ 上的任一函数 $f(x)$ 可表示为偶函数与奇函数之和,表示形式为 $f($
$=$ ＿＿＿＿＿＿＿＿.

2. 函数 $y=\dfrac{\sqrt{x}}{\sin \pi x}$ 的存在域是＿＿＿＿.

3. 函数 $y=\sin x+\dfrac{1}{2}\sin 2x+\dfrac{1}{3}\sin 3x$ 的周期为＿＿＿＿.

4. 函数 $y=x-[x], x\in(0,1)$ 的下确界为＿＿＿＿,上确界为＿＿＿＿.

5. $S=\left\{x \middle| x=1-\dfrac{1}{2^n}, n\in \mathbf{N}_+\right\}$,则 $\sup S=$ ＿＿＿＿,$\inf S=$ ＿＿＿＿.

二、解答题(每题 10 分,共 50 分)

1. 解不等式 $|x+2|+|x-2|\leqslant 12$.

证明：函数 $f(x) = 2x + \sin x$ 在 $(-\infty, +\infty)$ 上严格单调递增.

证明关于函数 $y = [x]$ 的如下不等式：

(1) 当 $x > 0$ 时，$1 - x < x\left[\frac{1}{x}\right] \leqslant 1$；

(2) 当 $x < 0$ 时，$1 \leqslant x\left[\frac{1}{x}\right] < 1 - x$.

第二章　数列极限

巩固练习 A 卷（满分 100 分）

一、填空题（每小题 2 分，共 10 分）

1. $\lim\limits_{n\to\infty}\dfrac{10\ 000n}{n^2+1}=$ ________ , $\lim\limits_{n\to\infty}\dfrac{10\ 000n^2}{n^2+1}=$ ________ .

2. $\lim\limits_{n\to\infty}(\sqrt{n+1}-\sqrt{n})=$ ________ .

3. $\lim\limits_{n\to\infty}\dfrac{1+a+a^2+\cdots+a^n}{1+b+b^2+\cdots+b^n}(|a|<1,|b|<1)=$ ________ .

4. $\lim\limits_{n\to\infty}\left[\dfrac{1}{1\cdot 2}+\dfrac{1}{2\cdot 3}+\cdots+\dfrac{1}{n(n+1)}\right]=$ ________ .

5. $\lim\limits_{n\to\infty}\dfrac{4n^5+3n^4+n}{5n^5+n^3+1}=$ ________ .

二、计算题（每题 10 分，共 30 分）

1. 求极限 $\lim\limits_{n\to\infty}\left[\dfrac{1^2}{n^3}+\dfrac{2^2}{n^3}+\cdots+\dfrac{(n-1)^2}{n^3}\right]$.

学号 ______ 姓名 ______ 班级 ______ 专业 ______ 院系 ______

弥 封 线

(10 分) 已知数列$\{x_n\}$满足$x_1=\frac{\sqrt{2}}{2}, x_{n+1}=\sqrt{\frac{2x_n^2}{x_n^2+2}}$. 证明：$\lim\limits_{n\to\infty} x_n=0$.

(20 分) 证明：(1) 不等式$\frac{1}{n+1}<\ln\left(1+\frac{1}{n}\right)<\frac{1}{n}$成立，其中$n$为任意的正整数；

(2) 数列$x_n=1+\frac{1}{2}+\frac{1}{3}+\cdots+\frac{1}{n}-\ln n(n=1,2,\cdots)$收敛.

学号＿＿＿＿ 姓名＿＿＿＿ 班级＿＿＿＿ 专业＿＿＿＿ 院系＿＿＿＿

弥 封 线

第二章　数列极限

优化提高 B 卷(满分 100 分)

一、填空题(每小题 2 分,共 10 分)

1. $\lim\limits_{n\to\infty}\dfrac{\sqrt[3]{n^2}\sin n!}{n+1}=$ ＿＿＿＿.

2. $\lim\limits_{n\to\infty}\sqrt[n]{1-\dfrac{1}{n}}=$ ＿＿＿＿.

3. $\lim\limits_{n\to\infty}\dfrac{(-2)^n+3^n}{(-2)^{n+1}+3^{n+1}}=$ ＿＿＿＿.

4. $\lim\limits_{n\to\infty}(\sqrt{2}\cdot\sqrt[4]{2}\cdot\sqrt[8]{2}\cdots\sqrt[2^n]{2})=$ ＿＿＿＿.

5. $\lim\limits_{n\to\infty}\left[\dfrac{1}{n^2}+\dfrac{1}{(n+1)^2}+\cdots+\dfrac{1}{(2n)^2}\right]=$ ＿＿＿＿.

二、计算题(每题 10 分,共 30 分)

1. 求极限$\lim\limits_{n\to\infty}\left[\dfrac{1^2}{n^3}+\dfrac{3^2}{n^3}+\cdots+\dfrac{(2n-1)^2}{n^3}\right]$.

2. 求极限$\lim\limits_{n\to\infty}\dfrac{1^p+2^p+\cdots+n^p}{n^{p+1}}=\dfrac{1}{p+1}$.

若数列$\{x_n\}$收敛，证明其算术平均值数列$\left\{\dfrac{x_1+x_2+\cdots+x_n}{n}\right\}$也收敛，且$\lim\limits_{n\to\infty}\dfrac{x_1+x_2+\cdots+x_n}{n}=\lim\limits_{n\to\infty}x_n$.

证明：$\lim\limits_{n\to\infty}n(a^{\frac{1}{n}}-1)=\ln a(a>0)$.

学号 ______ 姓名 ______ 班级 ______ 专业 ______ 院系 ______

弥 封 线

第三章　函数极限

巩固练习 A 卷(满分 100 分)

一、填空题(每小题 2 分,共 10 分)

1. $\lim\limits_{x\to a}f(x)=A$ 的“$\varepsilon-\delta$”定义是________.

2. $\lim\limits_{x\to 0}\dfrac{x^2-1}{2x^2-x-1}=$________, $\lim\limits_{x\to\infty}\dfrac{x^2-1}{2x^2-x-1}=$________.

3. $\lim\limits_{x\to 1}\dfrac{x^2-1}{2x^2-x-1}=$________.

4. $\lim\limits_{x\to 0^+}\dfrac{|x|}{x}\dfrac{5}{1+x^{10}}=$________, $\lim\limits_{x\to 0^-}\dfrac{|x|}{x}\dfrac{5}{1+x^{10}}=$________.

5. $\lim\limits_{x\to+\infty}3x\sin\dfrac{1}{x}=$________, $\lim\limits_{x\to+\infty}\left(1-\dfrac{2}{x}\right)^{-x}=$________.

二、解答题(每题 10 分,共 40 分)

1. 利用等价无穷小代换求极限 $\lim\limits_{x\to 0}\dfrac{\tan x-\sin x}{\sin x^3}$.

2. 求极限 $\lim\limits_{x\to 0}x\left[\dfrac{1}{x}\right]$.

设 $f(x)=\begin{cases}x, & x\text{为有理数},\\ -x, & x\text{为无理数}.\end{cases}$ 若 $x_0\neq 0$,用柯西准则证明:$\lim\limits_{x\to x_0}f(x)$ 不存在. 问$\lim\limits_{x\to 0}f(x)$ 是否存在?

证明:若 $f(x)$ 在$[a,x_0)$ 上单调,则$\lim\limits_{x\to x_0^-}f(x)$ 存在的充要条件是 $f(x)$ 在$[a,x_0)$ 上有界.

第三章　函数极限

优化提高B卷(满分100分)

学号　　　　姓名　　　　班级　　　　专业　　　　院系

弥　　封　　线

一、填空题(每小题2分,共10分)

1. $\lim\limits_{x\to\infty}\dfrac{(2x-3)^{1\,020}(3x+2)^{1\,004}}{(2x+1)^{2\,024}}=$ ________.

2. $\lim\limits_{x\to 0}\dfrac{(1+x)^5-(1+5x)}{x^2+x^5}=$ ________.

3. $\lim\limits_{x\to 3}\dfrac{x^2-5x+6}{x^2-8x+15}=$ ________.

4. $\lim\limits_{x\to a}\dfrac{\sin^2 x-\sin^2 a}{x-a}=$ ________, $\lim\limits_{x\to 0}\left(\dfrac{1+x}{1-x}\right)^{\frac{1}{x}}=$ ________.

5. $\lim\limits_{x\to 3^+}(x-[x])=$ ________, $\lim\limits_{x\to 3^-}(x-[x])=$ ________.

二、解答题(每题10分,共60分)

1. 用定义证明:$\lim\limits_{x\to 1}\dfrac{x^2+x-2}{x(x^2-3x+2)}=-3$.

2. 求极限$\lim\limits_{n\to\infty}\cos\dfrac{x}{2}\cos\dfrac{x}{4}\cdots\cos\dfrac{x}{2^n}$.

设 f 为 $U_-^\circ(x_0)$ 上的单调递增函数. 证明:若存在数列 $\{x_n\}\subset U_-^\circ(x_0)$ 且 $x_n\to x_0(n\to\infty)$,使得 $\lim\limits_{n\to\infty} f(x_n)=A$,则有 $f(x_0-0)=\sup\limits_{x\in U_-^\circ(x_0)} f(x)=A$.

设 f 为定义在 $[a,+\infty)$ 上的增(减) 函数. 证明: $\lim\limits_{x\to+\infty} f(x)$ 存在的充要条件是 f 在 $[a,+\infty)$ 上有上(下) 界.

学号______ 姓名______ 班级______ 专业______ 院系______

弥 封 线

第四章　函数的连续性

巩固练习 A 卷（满分 100 分）

一、填空题（每小题 2 分，共 10 分）

1. $f(x)$ 在点 $x=a$ 处连续的“$\varepsilon-\delta$”定义是______________________.

2. 当 $A=$ ________ 时，函数 $f(x)=\begin{cases}\dfrac{x^2-4}{x-2}, & x\neq 2,\\ A, & x=2\end{cases}$ 在点 $x=2$ 处连续.

3. $y=\dfrac{x^2-1}{x^3-3x+2}$ 的间断点为__________，是第________类间断点.

4. $\lim\limits_{x\to 0}\dfrac{e^x\cos x+5}{1+2x^2+\ln(1-x)}=$ ________.

5. $\lim\limits_{x\to 1}\left(\dfrac{1+x}{2+x}\right)^{\frac{1-\sqrt{x}}{1-x}}=$ ________.

二、解答题（每题 10 分，共 30 分）

1. 讨论函数 $f(x)=\dfrac{x+3}{x^2-1}$ 在 $x=2$ 处的连续性.

2. 讨论函数 $f(x)=\begin{cases}\dfrac{x^2-1}{x(x-1)}, & x\neq 0,\\ 0, & x=0\end{cases}$ 的连续性.

证明：若函数 $f(x)$ 在 $[a,+\infty)$ 上有定义且连续，$\lim\limits_{x\to+\infty} f(x)$ 存在且有限，则 $f(x)$ 在 $[a,+\infty)$ 上一致连续.

设 $f(x)$ 在 $[0,+\infty)$ 上连续，且满足 $0\leqslant f(x)\leqslant x, x\in[0,+\infty)$. 设 $a_1\geqslant 0, a_{n+1}=f(a_n)$, $n=1,2,\cdots$. 证明：

(1) $\{a_n\}$ 为收敛数列；

(2) 设 $\lim\limits_{n\to\infty} a_n = t$, 则有 $f(t)=t$;

(3) 若条件改为 $0\leqslant f(x)<x, x\in(0,+\infty)$, 则 $t=0$.

优化提高 B 卷（满分 100 分）

学号＿＿＿＿ 姓名＿＿＿＿ 班级＿＿＿＿ 专业＿＿＿＿ 院系＿＿＿＿

弥　封　线

一、判断题（每小题 2 分，共 10 分）

1. 若 $|f|$ 在点 x_0 处连续，则 $f(x)$ 在 x_0 处也连续. （　）
2. 若 $\forall \varepsilon>0, f\in C[a+\varepsilon, b-\varepsilon]$，则 $f\in C(a,b)$. （　）
3. 若 $f\in C(\mathbf{R})$ 且为周期函数，则 f 在 $\mathbf{R}$ 上有最大、最小值. （　）
4. 任一实系数奇次方程至少有一个实根. （　）
5. 若 f 在区间 I 上一致连续，则 f 在区间 I 上一定有界. （　）

二、解答题（每题 10 分，共 40 分）

1. 设函数 $f(x)$ 在 $[a,b]$ 上连续且恒大于零，按 $\varepsilon-\delta$ 定义证明 $\dfrac{1}{f(x)}$ 在 $[a,b]$ 上连续.

2. 讨论函数的连续性：$f(x)=\lim\limits_{t\to+\infty}\dfrac{\ln(1+e^{xt})}{\ln(1+e^{t})}$.

设 f 在 $[0,1]$ 上连续，$f(0)=f(1)$. 证明：对任何正整数 n，$\exists\, \xi \in [0,1]$，使得

$$f\left(\xi+\frac{1}{n}\right)=f(\xi).$$

设 $f(x)$ 在 $[a,+\infty)$ 上一致连续，$g(x)$ 在 $[a,+\infty)$ 上连续，且 $\lim\limits_{x\to+\infty}[f(x)-g(x)]=0$，证明：$g(x)$ 在区间 $[a,+\infty)$ 上一致连续.

学号______ 姓名______ 班级______ 专业______ 院系______

弥 封 线

第五章 导数和微分

巩固练习 A 卷(满分 100 分)

一、填空题(每小题 4 分,共 20 分)

1. 设 $f(x)=(x-1)(x-2)^2(x-3)^3$,则 $f'(1)=$ ________,$f'(2)=$ ________.

2. 设 $y=\dfrac{2x}{1-x^2}$,则 $y'=$ ________.

3. 设 $y=x(\sin\ln x-\cos\ln x)$,则 $y'=$ ________.

4. 设 $\begin{cases}x=a\cos t,\\ y=b\sin t,\end{cases}$ 则 $\left.\dfrac{\mathrm{d}y}{\mathrm{d}x}\right|_{t=\frac{\pi}{4}}=$ ________.

5. 设 u,v 为 x 的可微函数,函数 $y=\dfrac{1}{\sqrt{u^2+v^2}}$,则 $\mathrm{d}y=$ ________.

二、解答题(每题 10 分,共 60 分)

1. 求函数 $y=(\sin x)^{\cos x}+(\cos x)^{\sin x}$ 的导数.

2. 求函数 $f(x)=|x|$ 的左导数 $f'_-(x)$ 和右导数 $f'_+(x)$.

设 $y=\dfrac{ax+b}{cx+d}$,证明:

(1) $y'=\dfrac{1}{(cx+d)^2}\begin{vmatrix} a & b \\ c & d \end{vmatrix}$; (2) $y^{(n)}=(-1)^{n+1}\dfrac{n!c^{n-1}}{(cx+d)^{n+1}}\begin{vmatrix} a & b \\ c & d \end{vmatrix}$.

学号＿＿＿＿ 姓名＿＿＿＿ 班级＿＿＿＿ 专业＿＿＿＿ 院系＿＿＿＿

弥 封 线

第五章　导数和微分

优化提高 B 卷（满分 100 分）

一、填空题（每小题 2 分，共 10 分）

1. 设 $f(x)=x^2\sin(x-2)$，则 $f'(2)=$＿＿＿＿.

2. 设 $y=\dfrac{1+x-x^2}{1-x+x^2}$，则 $y'=$＿＿＿＿.

3. 设 $y=\ln\tan\dfrac{x}{2}-\cos x\ln\tan x$，则 $y'=$＿＿＿＿.

4. 设 $\begin{cases}x=a\cos^3 t,\\ y=b\sin^3 t,\end{cases}$ 则 $\left.\dfrac{\mathrm{d}y}{\mathrm{d}x}\right|_{t=\frac{\pi}{4}}=$＿＿＿＿.

5. 设 $\dfrac{x^2}{a^2}+\dfrac{y^2}{b^2}=1$，则 $y'=$＿＿＿＿.

二、解答题（每题 10 分，共 70 分）

1. 求函数 $y=\dfrac{(\ln x)^x}{x^{\ln x}}$ 的导数.

2. 求函数 $f(x)=\begin{cases}\dfrac{x}{1+\mathrm{e}^{\frac{1}{x}}}, & x\neq 0,\\ 0, & x=0\end{cases}$ 的左右导数.

、证明题(每题 10 分,共 20 分)

设函数 $f(x)$ 在 $x_0 \in [a,b]$ 上可导,$\{\alpha_n\}$ 和$\{\beta_n\}$ 满足 $a \leqslant \alpha_n < x_0 < \beta_n \leqslant b$, 且 $\lim\limits_{n\to\infty} \alpha_n = x_0$,

$\lim\limits_{n\to\infty} \beta_n = x_0$,证明:$\lim\limits_{n\to\infty} \dfrac{f(\beta_n) - f(\alpha_n)}{\beta_n - \alpha_n} = f'(x_0)$.

证明:若函数 f 在$[a,b]$上连续,且 $f(a) = f(b) = K$, $f'_+(a)f'_-(b) > 0$,则 $\exists \xi \in (a,b)$,使

$f(\xi) = K$.

学号______ 姓名______ 班级______ 专业______ 院系______

弥 封 线

第六章 微分中值定理及其应用

巩固练习 A 卷(满分 100 分)

一、填空题(每小题 4 分,共 20 分)

1. $\lim\limits_{x \to 0} \dfrac{\tan x - x}{x - \sin x} =$ ________.

2. $\ln x$ 在 $x = 2$ 处带有佩亚诺型余项的泰勒公式为________.

3. 函数 $f(x) = x^2 - 4x + 6$ 在 $[-3,10]$ 上的最大值为________,最小值为________.

4. 曲线 $y = (x+1)(x-2)^2$ 的拐点为________.

5. 曲线 $y = \dfrac{x^2(x-1)}{(x+1)^2}$ 的斜渐近线为____________.

二、解答题(每题 10 分,共 20 分)

1. 用洛必达法则求极限 $\lim\limits_{x \to 1} (2-x)^{\tan \frac{\pi x}{2}}$.

2. 用泰勒展开式求极限 $\lim\limits_{x \to 0} \dfrac{\cos x - e^{-\frac{x^2}{2}}}{x^4}$.

证明：$x-\frac{x^2}{2}<\ln(1+x)<x, x>0$.

用凸函数的定义证明不等式$\frac{1}{2}(x^n+y^n)>\left(\frac{x+y}{2}\right)^n(x>0, y>0, x\neq y, n>1)$；

并解释其几何意义.

第六章　微分中值定理及其应用

优化提高 B 卷(满分 100 分)

学号________　姓名________　班级________　专业________　院系________

弥　封　线

一、判断题(正确的划 √,错误的划 ×,每小题 2 分,共 10 分)

1. 设 $f(x)$ 在 $\mathbf{R}$ 上可导.若 $f'(x)=0$ 没有实根,则方程 $f(x)=0$ 至多只有一个实根.　(

2. 设 $f(x)$ 和 $g(x)$ 均在区间 I 上可导,若 $f'(x)\equiv g'(x),x\in I$,则在 I 上有 $f(x)=g(x)$.　(

3. 若 $\lim\limits_{x\to x_0}\dfrac{f'(x)}{g'(x)}$ 不存在,则 $\lim\limits_{x\to x_0}\dfrac{f(x)}{g(x)}$ 也不存在.　(

4. 设 $f(x)$ 在 x_0 的某邻域 $U(x_0)$ 内一阶可导,在点 x_0 处二阶可导,且 $f'(x_0)=0$,则 $f''(x_0)<0$ 时,$f(x)$ 在点 x_0 取得极小值.　(

5. 函数的最值只可能在稳定点或端点处取得.　(

二、解答题(每题 10 分,共 30 分)

1. 二正数的和等于常数 a,求此二正数的 m 次幂与 n 次幂之积的最大值,其中 $m,n>0$.

2. 求极限 $\lim\limits_{x\to 0}\dfrac{\cos(\sin x)-\cos x}{x^4}$.

证明：若函数 $f(x)$ 满足

(ⅰ) 在闭区间 $[a,b]$ 上有二阶导数 $f''(x)$；

(ⅱ) $f'(a)=f'(b)=0$，

则在 (a,b) 内至少存在一点 c，使得 $|f''(c)| \geqslant \frac{4}{(b-a)^2}|f(b)-f(a)|$.

学号________ 姓名________ 班级________ 专业________ 院系________

弥 封 线

第七章 实数的完备性

巩固练习 A 卷(满分 100 分)

一、填空题(每小题 4 分,共 20 分)

1. 数列$\left\{\frac{\sqrt{n}}{100+n}\right\}$的最大项为________,数列$\left\{n+\frac{100}{n}\right\}$的最小项为________.

2. 设$x_n=1-\frac{1}{n}$,则$\inf\{x_n\}=$________,$\sup\{x_n\}=$________.

3. 设$x_n=1-\frac{1}{n}$,则$\varliminf\limits_{n\to\infty}x_n=$________,$\varlimsup\limits_{n\to\infty}x_n=$________.

4. 数列$\left\{3\left(1-\frac{1}{n}\right)+(-1)^n\cdot 2\right\}$的聚点为________.

5. 设$x_n=\frac{n}{n+1}\sin^2\frac{n\pi}{4}$,则$\varliminf\limits_{n\to\infty}x_n=$________,$\varlimsup\limits_{n\to\infty}x_n=$________.

二、证明题(每题 10 分,共 80 分)

1. 用有限覆盖定理证明聚点定理.

2. 用有限覆盖定理证明根的存在性定理.

利用“任何单调有界数列一定有极限”证明：如果非空实数集合 A 有上界，则一定有上确界.

学号＿＿＿＿ 姓名＿＿＿＿ 班级＿＿＿＿ 专业＿＿＿＿ 院系＿＿＿＿

弥 封 线

第七章　实数的完备性

优化提高 B 卷（满分 100 分）

证明题(每题 10 分,共 100 分)

1. 用有限覆盖定理证明区间套定理.

2. 证明:$\{x_n\}$ 为有界数列 $\Leftrightarrow$ $\{x_n\}$ 的任一子列都存在收敛子列.

3. 证明:闭区间$[a,b]$的全体聚点的集合是$[a,b]$本身.

设 $f(x)$ 在闭区间$[a,b]$上无界,证明:

(1) $\exists\{x_n\}\subset[a,b]$,使得$\lim\limits_{n\to\infty}f(x_n)=\infty$;

(2) $\exists c\in[a,b]$,使得对 $\forall\delta>0$,$f(x)$ 在$(c-\delta,c+\delta)\cap[a,b]$上无界.

. 设$\{x_n\}$为无界数列,但非无穷大量,证明:$\{x_n\}$存在两个子列,一个是无穷大量,另一个是收敛子列.

学号________ 姓名________ 班级________ 专业________ 院系________

弥 封 线

阶段检测卷

巩固练习 A 卷（满分 100 分）

一、叙述下列定义（每题 3 分，共 9 分）

1. $\lim\limits_{n\to\infty} x_n = a$.

2. 函数 $f(x)$ 在点 x_0 处可微.

3. 函数 $f(x)$ 在区间 X 上非一致连续.

设 $y=(1+x^2)^{\arctan x}$，求$\frac{dy}{dx}$.

求函数 $f(x)=\arctan x-\frac{1}{2}\ln(1+x^2)$的极值.

5. 设 $f''(a)$ 存在,求极限 $\lim\limits_{h\to 0}\dfrac{f(a+h)-2f(a)+f(a-h)}{h^2}$.

6. 试举例说明:在有理数集上,确界原理、单调有界定理、聚点定理和柯西收敛准则一般都不成立.

(11 分）设函数 $f(x)$ 在点 x_0 的某空心右邻域 $U_+^0(x_0)$ 内有定义，证明：$\lim\limits_{x\to x_0^+}f(x)=A$ 的充要条件是对任何以 x_0 为极限的递减数列 $\{x_n\}\subset U_+^0(x_0)$，有 $\lim\limits_{n\to\infty}f(x_n)=A$.

学号________ 弥

姓名________

班级________ 封

专业________

院系________ 线

阶段检测卷

优化提高 B 卷(满分 100 分)

一、叙述下列定义或定理(每题 3 分,共 18 分)

1. 数列$\{a_n\}$收敛的柯西准则.

2. 函数 $f(x)$ 在定义域 X 上无下界.

3. $f(x)$ 在点 x_0 处右连续的定义.

4. $\lim\limits_{x\to+\infty} f(x)=A$ 的定义.

(6 分) 求$\lim\limits_{x\to 0}\dfrac{e^x\sin x-x(1+x)}{x^3}$

(6 分) 设 $f(x)=\begin{cases}\dfrac{g(x)}{x}, & x\neq 0,\\ 0, & x=0,\end{cases}$ 且 $g(0)=g'(0)=0, g''(0)=6$,求 $f'(0)$.

5. (8 分) 设 $D(x)=\begin{cases}1, & x\text{ 为无理数},\\ 0, & x\text{ 为有理数},\end{cases}$ 讨论下列函数在 $x=0$ 点的连续性、可导性：

(1) $D(x)$；(2) $xD(x)$；(3) $x^2D(x)$.

6. (8 分) 设 $H=\left\{\left(\frac{1}{n+2},\frac{1}{n}\right) \mid n=1,2,\cdots\right\}$. 问：

(1) H 能否覆盖 $(0,1)$？

(2) 能否从 H 中选出有限个开区间覆盖（ⅰ）$\left(0,\frac{1}{2}\right)$，（ⅱ）$\left(\frac{1}{100},1\right)$？

(12 分) 设函数 $f(x)$ 在有限区间 (a,b) 内是凸函数，证明：

(1) $f(x)$ 在 (a,b) 内的每一点处存在左、右导数；

(2) $f(x)$ 在 (a,b) 上内闭有界；

(3) 若再假设 $f(x)$ 在 (a,b) 上有界，则 $\lim\limits_{x\to a^+}f(x)$，$\lim\limits_{x\to b^-}f(x)$ 存在，且 $f(x)$ 在 (a,b) 内是一致连续.

学号＿＿＿＿ 姓名＿＿＿＿ 班级＿＿＿＿ 专业＿＿＿＿ 院系＿＿＿＿

弥 封 线

第八章　不定积分

巩固练习 A 卷（满分 100 分）

一、填空题（每小题 4 分，共 20 分）

1. $\int \mathrm{d}f(x) =$ ＿＿＿＿＿＿.

2. $\mathrm{d}\left[\int f(x)\mathrm{d}x\right] =$ ＿＿＿＿＿＿.

3. $\int \frac{x+1}{\sqrt{x}}\mathrm{d}x =$ ＿＿＿＿＿＿.

4. $\int \frac{\arctan x}{1+x^2}\mathrm{d}x =$ ＿＿＿＿＿＿.

5. $\int \frac{x^5}{x+1}\mathrm{d}x =$ ＿＿＿＿＿＿.

二、计算题（每题 8 分，共 80 分）

1. 求 $\int x^2\sqrt[3]{1-x}\,\mathrm{d}x$.

2. 求 $\int \left(\frac{\ln x}{x}\right)^2\mathrm{d}x$.

求$\int x\ln(4+x^4)\mathrm{d}x$.

). 求$\int \frac{x\arctan x}{\sqrt{1+x^2}}\mathrm{d}x$.

第八章　不定积分

优化提高 B 卷（满分 100 分）

学号　　　　姓名　　　　班级　　　　专业　　　　院系

弥　封　线

一、判断题（正确的划√，错误的划×，每小题 2 分，共 10 分）

1. $\int \mathrm{d}f(x) = f(x)$.　　(　　)

2. $\mathrm{d}\left[\int f'(x)\mathrm{d}x\right] = f(x)\mathrm{d}x$.　　(　　)

3. $\mathrm{d}\left[\int f(x)\mathrm{d}x\right] = f(x)\mathrm{d}x$.　　(　　)

4. $\int \cos x\mathrm{d}x = \sin x$.　　(　　)

5. 周期函数的原函数还是周期函数.　　(　　)

二、计算题（每题 10 分，共 90 分）

1. 求不定积分 $\int \frac{\mathrm{d}x}{1+x^4+x^8}$.

2. 求不定积分 $\int \frac{(1+x)\mathrm{d}x}{x+\sqrt{x+x^2}}$.

(2023 新疆大学) 求不定积分$\int \frac{x-2}{x^2-7x+12}dx$.

(2022 中国石油大学(华东)) 求不定积分$\int \frac{e^x(x^2-2x-1)}{(x^2-1)^2}dx$.

学号______ 姓名______ 班级______ 专业______ 院系______

弥 封 线

第九章 定积分

巩固练习 A 卷（满分 100 分）

一、填空题（每小题 4 分，共 20 分）

1. $\int_{-\frac{1}{2}}^{\frac{1}{2}} \frac{\mathrm{d}x}{\sqrt{1-x^2}} =$ ________.

2. $\int_0^2 |1-x| \mathrm{d}x =$ ________.

3. $\lim\limits_{n\to\infty}\left(\frac{1}{n^2}+\frac{2}{n^2}+\cdots+\frac{n-1}{n^2}\right)=$ ________.

4. $\int_0^a x^2\sqrt{a^2-x^2}\,\mathrm{d}x =$ ____________ $(a>0)$.

5. $\lim\limits_{x\to+\infty}\frac{\int_0^x(\arctan u)^2\mathrm{d}u}{\sqrt{x^2+1}} =$ ________.

二、计算题（每题 10 分，共 50 分）

1. 求极限 $\lim\limits_{n\to\infty}\frac{1}{n}\left[\sin\frac{\pi}{n}+\sin\frac{2\pi}{n}+\cdots+\sin\frac{(n-1)}{n}\pi\right]$.

2.（2024 暨南大学）求积分 $\int_0^{2\,024\pi}\sqrt{1-\cos 2x}\,\mathrm{d}x$.

设函数 $\varphi(x)$ 及 $\psi(x)$ 和它们的平方在$[a,b]$上均可积. 证明柯西—施瓦茨(Cauchy-Schwarz)不等式$\left[\int_a^b \varphi(x)\psi(x)\mathrm{d}x\right]^2 \leqslant \int_a^b \varphi^2(x)\mathrm{d}x\int_a^b \psi^2(x)\mathrm{d}x$.

第九章 定积分

优化提高 B 卷(满分 100 分)

学号______ 姓名______ 班级______ 专业______ 院系______

弥 封 线

一、判断题(正确的划 √,错误的划 ×,每小题 2 分,共 10 分)

1. 若 $|f(x)|$ 在 $[a,b]$ 上可积,则 $f(x)$ 在 $[a,b]$ 上可积. (
2. 在 $[a,b]$ 上有无限多个间断点的函数一定不可积. (
3. 在 $[a,b]$ 上只有有限多个间断点的函数一定可积. (
4. 在 $[a,b]$ 上的单调函数一定可积. (
5. 在 $[a,b]$ 上的有界函数一定可积. (

二、计算题(每题 10 分,共 60 分)

1. 求积分 $\int_{e^{-2n\pi}}^{1}\left|\left[\cos\left(\ln\frac{1}{x}\right)\right]'\right|dx$($n$ 为正整数).

2. 求积分 $\int_0^{2\pi}\frac{dx}{(2+\cos x)(3+\cos x)}$.

(2024 天津大学) 设 $f(x)$ 为 $[a,b]$ 上的单调函数, $g(x)$ 是周期为 T 的连续函数,且 $\int_0^T g(x)\mathrm{d}x = 0$,证明: $\lim\limits_{\lambda\to+\infty}\int_a^b f(x)g(\lambda x)\mathrm{d}x = 0$.

学号________ 姓名________ 班级________ 专业________ 院系________

弥 封 线

第十章 定积分的应用

巩固练习 A 卷（满分 100 分）

解答题(每题 10 分,共 100 分)

1. 求 $y=x^2$ 与 $x+y=2$ 所围图形的面积.

2. 求 $x=a(t-\sin t),y=a(1-\cos t)(0\leqslant t\leqslant 2\pi)$(摆线) 及 $y=0$ 所围图形的面积.

3. 求 $r=\dfrac{p}{1-\cos\theta}$(抛物线) 及 $\theta=\dfrac{\pi}{4},\theta=\dfrac{\pi}{2}$ 所围图形的面积.

求 $y=e^{-x}\sqrt{\sin x}(0\leqslant x<+\infty)$ 绕 Ox 轴旋转一周所成旋转体的体积.

. 求 $y^2=2px(0\leqslant x\leqslant x_0)$ 绕 Ox 轴旋转一周所成旋转体的体积.

第十章　定积分的应用

优化提高 B 卷（满分 100 分）

一、解答题（共 80 分）

1.（8 分）抛物线 $y^2=2x$ 把圆 $x^2+y^2=8$ 的面积分为两部分，这两部分的比值是多少？

2.（8 分）求曲线 $x=a(2\cos t-\cos 2t)$，$y=a(2\sin t-\sin 2t)$ 所围图形的面积.

3.（8 分）求由曲线 $\theta=r\arctan r$ 及两射线 $\theta=0$ 及 $\theta=\frac{\pi}{\sqrt{3}}$ 所围成的扇形的面积.

(10 分) 求$(x^2+y^2)^2=a^2(x^2-y^2)$,绕 Oy 轴旋转一周所成旋转体的体积.

、证明题(共 20 分)

设立体之垂直于 Ox 轴的横截面的面积 $S=S(x)$ 依下面的二次式规律变化:

$$S(x)=Ax^2+Bx+C(a\leqslant x\leqslant b),$$

其中 A,B 及 C 为常数. 证明:此物体的体积等于

$$V=\frac{H}{6}\left[S(a)+4S\left(\frac{a+b}{2}\right)+S(b)\right](\text{辛普森公式}),$$

其中 $H=b-a$.

院系________ 专业________ 班级________ 姓名________ 学号________

弥 封 线

第十一章 反常积分

巩固练习 A 卷(满分 100 分)

一、填空题(每小题 4 分,共 20 分)

1. $\int_0^1 \ln x\mathrm{d}x =$ ________.

2. $\int_{-1}^1 \dfrac{\mathrm{d}x}{\sqrt{1-x^2}} =$ ________.

3. $\int_2^{+\infty} \dfrac{\mathrm{d}x}{x^2+x-2}$ ________.

4. $\int_{-\infty}^{+\infty} \dfrac{\mathrm{d}x}{1+x^2} =$ ________.

5. $\int_0^{+\infty} \dfrac{\arctan x}{(1+x^2)^{\frac{3}{2}}}\mathrm{d}x =$ ________.

二、解答题(每题 10 分,共 60 分)

1. 设积分 $\int_a^{+\infty} f(x)\mathrm{d}x$ 收敛,函数 $\varphi(x)$ 有界,则

(1) 积分 $\int_a^{+\infty} f(x)\varphi(x)\mathrm{d}x$ 是否必定收敛?举出适当的例子.

(2) 若积分 $\int_a^{+\infty} f(x)\mathrm{d}x$ 绝对收敛,问积分 $\int_a^{+\infty} f(x)\varphi(x)\mathrm{d}x$ 的收敛性如何?

、证明题(每题 10 分,共 20 分)

证明:等式$\int_0^{+\infty} f\left(ax+\frac{b}{x}\right)\mathrm{d}x=\frac{1}{a}\int_0^{+\infty} f(\sqrt{x^2+4ab})\mathrm{d}x$成立,其中$a>0,b>0$(假定等式左端的积分有意义).

证明:若$\int_a^{+\infty} f(x)\mathrm{d}x$收敛,$f(x)$为单调函数,则$f(x)=o\left(\frac{1}{x}\right)$.

学号______ 姓名______ 班级______ 专业______ 院系______

弥 封 线

第十一章 反常积分

优化提高B卷(满分100分)

一、填空题(每小题5分,共10分)

1. $\int_{a}^{+\infty} e^{-ax}\cos bx\,dx\ (a>0)=$ ________.

2. $\lim\limits_{x\to 0^+}\dfrac{\int_{x}^{+\infty} t^{-1}e^{-t}dt}{\ln\dfrac{1}{x}}=$ ________.

二、解答题(每题10分,共60分)

1. 计算$\int_{0}^{+\infty}\dfrac{x^2+1}{x^4+1}dx$.

2. 计算$\int_{0}^{1}\dfrac{dx}{(2-x)\sqrt{1-x}}$.

设函数 $f(x)$ 在$(0,1]$内单调，且在点 $x=0$ 的邻域内无界，证明：若$\int_0^1 f(x)\mathrm{d}x$ 存在，则

$$\lim_{n\to\infty}\frac{1}{n}\sum_{k=1}^{n}f\left(\frac{k}{n}\right)=\int_0^1 f(x)\mathrm{d}x.$$

学号＿＿＿＿ 姓名＿＿＿＿ 班级＿＿＿＿ 专业＿＿＿＿ 院系＿＿＿＿

弥 封 线

综合检测卷

巩固练习 A 卷（满分 100 分）

一、叙述下列定义（每题 3 分，共 12 分）

1. $\lim\limits_{x\to 1^-} f(x)=+\infty$.

2. 闭区间$[a,b]$上连续函数的介值性定理.

3. 函数 $f(x)$ 在$[a,b]$上可积的充要条件（任意一个均可）.

求$\lim\limits_{x\to\infty}\left[x-x^2\ln\left(1+\frac{1}{x}\right)\right]$.

设 $f(x)=x^2e^x$，求 $f^{(20)}(x)$.

4. 求 $f(x)=\arctan x$ 的带佩亚诺型余项的麦克劳林公式(到含 x^5 的项).

5. 求圆 $x^2+(y-b)^2=R^2(b>R>0)$ 绕 x 轴旋转一周所得环状立体的体积.

设 $f(x)$ 在$[a,b]$上无界. 证明：对 $\forall\delta>0$，在$[a,b]$上至少有一点x_0，使得 $f(x)$ 在 x_0 的 δ 邻域内无界.

学号＿＿＿＿ 姓名＿＿＿＿ 班级＿＿＿＿ 专业＿＿＿＿ 院系＿＿＿＿

弥 封 线

综合检测卷

优化提高 B 卷(满分 100 分)

一、判断题(正确的划√,错误的划×,每小题 2 分,共 18 分)

1. 设数列$\{a_n\}$收敛,数列$\{b_n\}$发散,则数列$\{a_nb_n\}$发散. (　　)
2. 有界函数一定是可积的. (　　)
3. 若$|f(x)|$在点$x=a$连续,则$f(x)$在点$x=a$连续. (　　)
4. 设$f(x)\in C[a,+\infty)$,且$\lim\limits_{x\to+\infty}f(x)$存在,则$f(x)$在$[a,+\infty)$上有界. (　　)
5. 若$f(x)$为凹函数,则$-f(x)$为凸函数. (　　)
6. 可导周期函数的导函数还是周期函数. (　　)
7. 若$f(x)$在x_0处可导,$g(x)$在x_0处不可导,则$f(x)g(x)$在x_0处一定不可导. (　　)
8. 若$|f(x)|$在$[a,b]$上可积,则$f(x)$在$[a,b]$上可积. (　　)
9. $\int_0^{+\infty}\frac{\mathrm{d}x}{x(\ln x)^p}(p>0)$在$p>1$时收敛,$p\leqslant 1$时发散. (　　)

二、用定义证明(每题 5 分,共 10 分)

1. 证明:数列$\left\{\frac{n^2}{2n^2+1}\right\}$的极限不是 1.

2. 证明:函数$y=\sin x^2$在$[0,+\infty)$上不一致连续.

、证明题(共 24 分)

(6 分) 证明：$\lim\limits_{n\to\infty}\sin n$ 不存在.

(9 分) 设 $f(x)$ 在 $[a,b]$ 上连续，$f(a)<f(b)$，证明：存在 $[c,d]\subseteq[a,b]$，使得 $f(x)$ 在 $[c,d]$ 上的最小值为 $f(a)$，最大值为 $f(b)$.

(9 分) 设 $f(x)$ 在 $[0,1]$ 上连续，在 $(0,1)$ 内可导，且 $f(0)=0, f(1)=1$.

(1) 证明：存在互异的 $\eta_1,\eta_2\in(0,1)$，满足 $\dfrac{1}{f'(\eta_1)}+\dfrac{1}{f'(\eta_2)}=2$；

(2) a,b 为任意正实数，证明：存在互异的 $\xi_1,\xi_2\in(0,1)$，满足 $\dfrac{a}{f'(\xi_1)}+\dfrac{b}{f'(\xi_2)}=a+b$.

图书在版编目（CIP）数据

数学分析同步检测卷. 上册 / 张天德，栾世霞主编 ；孙钦福，胡东坡副主编. -- 济南 ：山东科学技术出版社，2024. 9. --（数学专业同步检测丛书）. -- ISBN 978-7-5723-2242-6

Ⅰ. O17-44

中国国家版本馆 CIP 数据核字第 20247W5E77 号

数学分析同步检测卷（上册）

SHUXUE FENXI TONGBU JIANCE JUAN（SHANG CE）

责任编辑：段　琰　王炳花
装帧设计：李晨溪

主管单位：山东出版传媒股份有限公司
出 版 者：山东科学技术出版社
地址：济南市市中区舜耕路517号
邮编：250003　电话：（0531）82098088
网址：www.lkj.com.cn
电子邮件：sdkj@sdcbcm.com
发 行 者：山东科学技术出版社
地址：济南市市中区舜耕路517号
邮编：250003　电话：（0531）82098067
印 刷 者：山东华立印务有限公司
地址：山东省济南市莱芜高新区钱塘江街 019 号
邮编：271100　电话：（0531）76216033

规格： 16开（184 mm × 260 mm）
印张： 11.5
版次： 2024年9月第1版　**印次：** 2024年9月第1次印刷
定价： 29.90元

前　言

加强基础学科研究是建设科技强国和教育强国的关键要素。2023年4月，教育部启动了包括数学在内的基础学科“101计划”，推动基础学科核心课程建设。随着高等教育教学改革的不断深入，高校在大学数学教学及测评环境进一步加大管理力度，大学数学教学质量也成为各高校教学水平评估的重要指标之一。

数学分析是数学类专业课程中最重要的基础课程，也是硕士研究生入学考试的重点科目。为帮助、指导大学生学好数学分析，我们编写了《数学分析同步检测卷（上册）》，本书适用于华东师范大学主编的《数学分析·上册》（第五版），汇集了编者几十年丰富的教学经验，将各大高校期末检测、研究生入学考试及大学生数学竞赛等典型真题及解题方法与技巧融入其中。

本书章节划分与华东师大第五版《数学分析·上册》一致。包括22套单元检测卷、2套阶段检测卷以及2套综合检测卷，共26套试卷及解析。试卷内容包括实数集与函数、数列极限、函数极限、函数的连续性、导数和微分、微分中值定理及其应用、实数的完备性、不定积分、定积分、定积分的应用及反常积分等。

单元检测卷　分为A卷和B卷。A卷注重基础知识和解题能力的考查，难度与大学期中、期末考试相当，可作为日常复习检测使用；B卷注重能力提升，题目综合性较强，包含了相当一部分的考研、大学生数学竞赛真题，可作为考研及大学生数学竞赛复习使用。

阶段检测卷　分为A卷和B卷。选题时注重对知识点的全面覆盖，保证对知识点考查不重复；试卷编排难易适中，充分体现了“重视基础、淡化技巧”的教改风格。

综合检测卷　总结全册教材内容重点、难点，直击考试痛点，学习针对性强，起到事半功倍的效果。

参考答案　单独成册，便于查找。每道题目均给出了便于理解和易于学习的解析，透彻解析、层层深入。部分经典试题还给出了一题多解，真正把每类题型、每道题目讲透、讲实，让学生在查看解析的同时能够回忆、巩固所学知识，举一反三。

衷心希望本书能帮助同学们巩固基础、优化提升、科学备考。由于编者水平有限，书中存在不足之处敬请批评指正，以臻完善。

编　者

2024年9月

3. 求函数 $y=\frac{1-x}{1+x}(x\neq-1)$ 的反函数.

4. 设 $f(x)$ 为非常值函数,研究函数 $f(x)=ax^2+bx+c$ 的单调性.

5. 在 ΔABC 中,边 $AB=6\text{ cm}$,$AC=8\text{ cm}$,$\angle BAC=x^{\circ}$,把边 $BC=a\text{ cm}$ 和 ΔABC 的面积 S 表示为变量 x 的函数.作函数 $a=a(x)$ 及 $S=S(x)$ 的图像.

6. 设 $f(-1)=0, f(0)=2, f(1)=-3, f(2)=5$. 求三次有理函数 $f(x)=ax^3+bx^2+cx+d$.

三、证明题(每题 10 分,共 30 分)

1. 用数学归纳法证明不等式：$\frac{1}{2}\cdot\frac{3}{4}\cdot\cdots\cdot\frac{2n-1}{2n}<\frac{1}{\sqrt{2n+1}}$.

2. 在等腰梯形 $ABCD$ 中，底 $AD=a$，$BC=b(a>b)$，高 $HB=h$，引直线 $MN\ /\!/\ HB$，MN 与顶点 A 相距 $AM=x$，把图形 $ABNMA$ 的面积 S 表示为变量 x 的函数. 作函数 $S=S(x)$ 的图像.

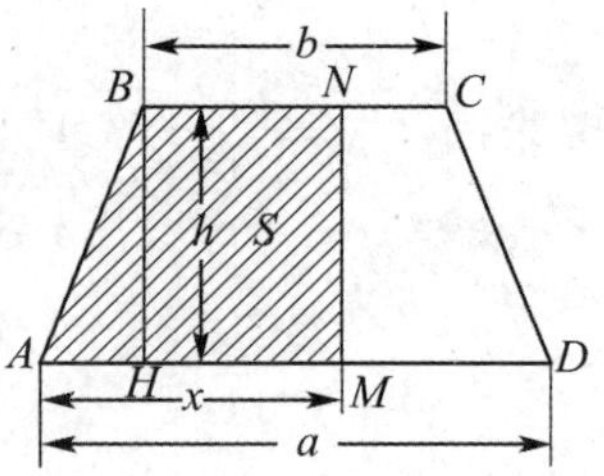

3. 设 $f(0)=15$，$f(2)=30$，$f(4)=90$，求形为 $f(x)=a+bc^{x}$ 的函数.

4. 设 $f\left(\dfrac{1}{x}\right)=x+\sqrt{1+x^{2}}\,(x>0)$，求 $f(x)$.

5. 求函数 $y=\begin{cases}x, & -\infty<x<1,\\ x^2, & 1\leqslant x\leqslant 4,\\ 2^x, & 4<x<+\infty\end{cases}$ 的反函数.

三、证明题(每题 10 分,共 40 分)

1. 设 A,B 为非空数集,定义数集 $A+B=\{z|z=x+y,x\in A,y\in B\}$.
   证明:$\sup(A+B)=\sup A+\sup B$.

2. 设 A,B 为非空数集,元素均非负,定义数集 $AB=\{z|z=xy,x\in A,y\in B\}$.
   证明:$\sup A\cdot\sup B=\sup(AB)$.

2. 求极限$\lim\limits_{n\to\infty}\left(\frac{1}{2}+\frac{3}{2^2}+\frac{5}{2^3}+\cdots+\frac{2n-1}{2^n}\right)$.

3. 求$\lim\limits_{n\to\infty}\left[\frac{1}{n}-\frac{2}{n}+\frac{3}{n}-\cdots+\frac{(-1)^{n-1}n}{n}\right]$.

三、证明题(共 60 分)

1. (10 分) 证明:$\lim\limits_{n\to\infty}\sqrt[n]{n}=1$.

2. (10 分) 设 $a>0, x_0>0, x_{n+1}=\frac{1}{2}\left(x_n+\frac{a}{x_n}\right)(n=0,1,2,\cdots)$，证明：$\lim\limits_{n\to\infty} x_n=\sqrt{a}$.

3. (10 分) 设 $x_n=\frac{\cos 1!}{1\cdot 2}+\frac{\cos 2!}{2\cdot 3}+\cdots+\frac{\cos n!}{n(n+1)}$，证明：数列 $\{x_n\}$ 收敛.

3. 数列$\{x_n\}$由下式$x_1 = a, x_2 = b, x_n = \frac{x_{n-1} + x_{n-2}}{2}(n = 3,4,\cdots)$所确定.求$\lim\limits_{n\to\infty} x_n$.

三、证明题(每题 10 分,共 60 分)

1. 证明:$\lim\limits_{n\to\infty}\sqrt[n]{a} = 1(a > 0)$.

2. 证明:$\lim\limits_{n\to\infty}\frac{1}{\sqrt[n]{n!}} = 0$.

3. 证明：由下列各式 $x_1=a, y_1=b, x_{n+1}=\sqrt{x_n y_n}, y_{n+1}=\dfrac{x_n+y_n}{2}$ 确定的数列 $\{x_n\}$ 和 $\{y_n\}$ 都收敛，且 $\lim\limits_{n\to\infty} x_n=\lim\limits_{n\to\infty} y_n$.

4. 设数列 $\{x_n\}$ 满足：存在数 C，使得

$$|x_2-x_1|+|x_3-x_2|+\cdots+|x_n-x_{n-1}|<C(n=2,3,\cdots),$$

证明：数列 $\{x_n\}$ 收敛.

3. 求极限$\lim_{n\to\infty}(1+x)(1+x^2)(1+x^4)\cdots(1+x^{2^n})(|x|<1)$.

4. 已知$\lim_{x\to\infty}\left(\frac{x^2+1}{x+1}-ax-b\right)=0$,求常数$a$和$b$.

三、证明题(每题 10 分,共 50 分)

1. 按定义证明:$\lim_{x\to1}\sqrt{\frac{7}{16x^2-9}}=1$.

2. 设函数 f 在 $(0,+\infty)$ 上满足 $f(2x)=f(x)$，且 $\lim\limits_{x\to+\infty} f(x)=A$. 证明：$f(x)\equiv A, x>0$.

3. 设 $f(x)=\begin{cases} x^2, & x \text{ 为有理数}, \\ 0, & x \text{ 为无理数}. \end{cases}$ 试用归结原则证明：当 $x_0\neq 0$ 时，$\lim\limits_{x\to x_0} f(x)$ 不存在.

3. 利用等价无穷小代换求极限$\lim\limits_{x\to 0}\dfrac{\sqrt{1+x^2}-1}{1-\cos x}$.

4. 已知$\lim\limits_{x\to-\infty}(\sqrt{x^2-x+1}-ax-b)=0$,求常数$a$和$b$.

5. 求极限$\lim\limits_{x\to a}\dfrac{x^x-a^a}{x-a}(a>0)$.

6. 设$\lim\limits_{x \to a} f(x) = A$，$\lim\limits_{u \to A} g(u) = B$，在何种条件下能由此推出$\lim\limits_{x \to a} g[f(x)] = B$？

三、证明题（每题 10 分，共 30 分）

1. 写出并证明 $\lim\limits_{x \to +\infty} f(x) = +\infty$ 的归结原则.

3. 若 $f(x)=\begin{cases}1, & x\geqslant 0,\\ -1, & x<0,\end{cases}$ $g(x)=\sin x$. 求函数 $f[g(x)]$ 的定义域,并讨论$f[g(x)]$ 的连续性.

三、证明题(每题 10 分,共 60 分)

1. 设函数 $f(x)$ 在$[a,b]$上连续,且 $f(a)\geqslant a, f(b)\leqslant b$,证明:$\exists\, x_0\in[a,b]$,使得 $f(x_0)=x_0$.

2. 证明:若函数 $f(x)$ 在区间$[a,+\infty)$ 上连续,$\lim\limits_{x\to+\infty} f(x)$ 存在且有限,则 $f(x)$ 在区间$[a,+\infty)$ 上有界.

3. 证明：若 $f(x)$ 在区间 (a,b) 内连续，则 $\forall x_1, x_2, \cdots, x_n \in (a,b)$，$\exists \xi \in (a,b)$，使得

$$f(\xi) = \frac{f(x_1) + f(x_2) + \cdots + f(x_n)}{n}.$$

4. 证明：函数 $f(x) = \dfrac{1}{x}$ 在区间 $(0,1)$ 内连续，但在 $(0,1)$ 内非一致连续.

3. 设 $f(x)=\begin{cases}x^{\alpha}\sin\dfrac{1}{x^{\beta}}, & x\neq 0,\\ 0, & x=0,\end{cases}$ 当 α,β 取何值时，$f(x)$ 在 $x=0$ 处连续？

4. 讨论函数 $f(x)=x^2$ 在下列区间上的一致连续性：

(1)$(-l,l)$，其中 l 为任意正数； (2)$(-\infty,+\infty)$.

三、证明题(每题 10 分，共 50 分)

1. 设函数 f 在 (a,b) 内连续，且 $f(a+0)$ 与 $f(b-0)$ 为有限值. 证明：

(1)f 在 (a,b) 内有界；

(2) 若 $\exists\xi\in(a,b)$，使得 $f(\xi)\geqslant\max\{f(a+0),f(b-0)\}$，则 f 在 (a,b) 内能取到最大值；

(3)f 在 (a,b) 内一致连续.

2. 证明：在(a,b)内的连续函数f为一致连续的充要条件是$f(a+0)$与$f(b-0)$都存在.

3. 设f为区间I上的单调函数. 证明：若$x_0 \in I$为f的间断点，则x_0必是f的第一类间断点.

3. 设 $f(x)=\begin{cases}x^2, & x\leqslant x_0, \\ ax+b, & x>x_0,\end{cases}$ 为使函数 $f(x)$ 在点 $x=x_0$ 处连续且可微,应当如何选取系数 a 和 b?

4.(2024 中南大学)已知 $f(x)=\begin{vmatrix}e^x & x^2 & 2 \\ 1 & 3x & 4x^2 \\ 0 & 5 & e^{2x}\end{vmatrix}$,求 $f'(x)$.

5. 设 $f(x)=(x-a)^n\varphi(x)$,其中函数 $\varphi(x)$ 在点 a 的邻域内有 $n-1$ 阶的连续导数,求 $f^{(n)}(a)$.

6. 讨论由方程 $y^3+3y=x$ 确定的单值函数 $y=y(x)$ 的存在性，并求它的导数 $y'(x)$.

三、证明题(每题 10 分，共 20 分)

1. 设 f 是定义在 $\mathbf{R}$ 上的函数，且对任何 $x_1,x_2\in\mathbf{R}$，都有

$$f(x_1+x_2)=f(x_1)\cdot f(x_2).$$

若 $f'(0)=1$，证明：对 $\forall x\in\mathbf{R}$，都有 $f'(x)=f(x)$.

3. 设 $f(x)=\begin{cases}x^2, & x\leqslant x_0,\\ ax+b, & x>x_0,\end{cases}$ 为了使函数 $f(x)$ 在点 $x=x_0$ 处连续而且可微，应当如何选取系数 a 和 b?

4. 若函数 $f(x)$ 可微，n 为正整数，则

$$\lim_{n\to\infty} n\left[f\left(x+\frac{1}{n}\right)-f(x)\right]=f'(x) \tag{1}$$

是否成立?反之，若对函数 $f(x)$ 有极限(1) 存在，则可否断定此函数有导数?研究狄利克雷函数的例子.

5. 在什么条件下，函数

$$f(x)=\begin{cases}x^n\sin\dfrac{1}{x}, & x\neq 0,\\ 0, & x=0\end{cases}$$

(1) 在 $x=0$ 处连续；(2) 在 $x=0$ 处可微；(3) 在 $x=0$ 处有连续导数?

6. 讨论由方程 $y-\varepsilon\sin y=x(0\leqslant\varepsilon<1)$ 确定的单值函数 $y=y(x)$ 的存在性，并求其导数 $y'(x)$.

7. 若 $y=\dfrac{\arcsin x}{\sqrt{1-x^2}}$，求 $y^{(2\,023)}(0)$.

三、证明题(每题 10 分,共 60 分)

1. 证明:若 $f(x) \geqslant 0, x \in (a,b)$,且 $f'''(x)$ 存在,$f(x)=0$ 有两个相异实根,则 $\exists c \in (a,b)$,使得 $f'''(c)=0$.

2. 设 $f(x)$ 在$[a,b]$上连续,在(a,b)内可导,且 $f(a)=f(b)=1$,证明:$\exists \xi, \eta \in (a,b)$,使得

$$e^{\eta-\xi}[f(\eta)+f'(\eta)]=1.$$

3. 设函数 $f(x)$ 在闭区间 $[x_1,x_2]$ 上可微，并且 $x_1x_2>0$，证明：

$$\frac{1}{x_1-x_2}\begin{vmatrix} x_1 & x_2 \\ f(x_1) & f(x_2) \end{vmatrix}=f(\xi)-\xi f'(\xi)\text{，其中 } x_1<\xi<x_2.$$

4. 设函数 $f(x)$ 在 $[0,2]$ 上二阶可导，且在 $[0,2]$ 上有 $|f(x)|\leqslant 1$，$|f''(x)|\leqslant 1$. 证明：在 $[0,2]$ 上，满足 $|f'(x)|\leqslant 2$.

3. 求函数 $f(x)=\arctan\dfrac{1-x^2}{1+x^2}$ 的单调区间、极值、凹凸区间、拐点和渐近线.

三、证明题(每题 12 分,共 60 分)

1. (2024 南京理工大学) 设 $f(x)$ 在 $\mathbf{R}$ 上二阶可导,且 $f'(0)=0$,证明:$\exists\xi\in(0,1)$,使得 $f'(\xi)=(\xi-1)^2f''(\xi)$.

2. 设函数 $f(x)$ 在$[a,b]$上连续,在(a,b)内可导,且 $f'(x)\neq 0$. 证明:$\exists\xi,\eta\in(a,b)$,使得$\dfrac{f'(\xi)}{f'(\eta)}=\dfrac{\mathrm{e}^b-\mathrm{e}^a}{b-a}\cdot\mathrm{e}^{-\eta}$.

3. 设函数 f 在 $U(a;h)$ 上具有 $n+2$ 阶连续导数，其中 $h>0$，且 $f^{(n+2)}(a)\neq 0$，f 在 $U(a;h)$ 上的泰勒公式为 $f(a+h)=f(a)+f'(a)h+\cdots+\frac{f^{(n)}(a)}{n!}h^n+\frac{f^{(n+1)}(a+\theta h)}{(n+1)!}h^{n+1}$，$0<\theta<1$.

证明：$\lim\limits_{h\to 0}\theta=\frac{1}{n+2}$.

4. 证明：$\frac{2}{\pi}x<\sin x<x$，$0<x<\frac{\pi}{2}$.

3. 用区间套定理证明确界原理.

4. 证明:“ξ 为点集 S 的聚点” 的下述定义等价:

(1) $\forall \delta > 0$,在 $U(\xi;\delta)$ 内含有 S 中无限多个点;

(2) $\forall \delta > 0$,在 $U^{\circ}(\xi;\delta)$ 内含有 S 中至少一个点;

(3) $\exists \{x_n\} \subset S, x_n \neq x_m \ (n \neq m)$ 使 $\lim\limits_{n \to \infty} x_n = \xi$.

5. 用确界原理证明单调有界定理.

6. 用确界原理证明有限覆盖定理.

7. 设 $f(x)$ 在 $[a,b]$ 上有定义，且在每点处函数的极限存在，证明：$f(x)$ 在 $[a,b]$ 上有界.

4. 设$\{x_n\}$为单调数列. 证明:若$\{x_n\}$存在聚点,则必是唯一的,且为$\{x_n\}$的确界.

5. 用聚点定理证明柯西收敛准则.

6. 用有限覆盖定理证明连续函数的一致连续性定理.

7. 设$\{f_n(x)\}$为$[0,1]$上的连续函数列,若对$\forall x_0\in[0,1]$,$\{f_n(x_0)\}$是有界数列. 用闭区间套定理证明:在$[0,1]$上存在一个长度不为0的子区间及常数C,使得$|f_n(x)|\leqslant C$,$x\in[c,d]$,$n=1,2,\cdots$.

8. 叙述(Ⅰ)有限覆盖定理和(Ⅱ)魏尔斯特拉斯(Weierstrass)定理(致密性定理),并用(Ⅰ)证明(Ⅱ).

二、判断题(正确的划 √,错误的划 ×,每小题 2 分,共 16 分)

1. 若数列$\{a_n\}$为单调数列,且有一个子列收敛于 A,则$\{a_n\}$必收敛于 A. （ ）

2. 若 $f(x)$ 在点 x_0 处不可导,则曲线 $y=f(x)$ 在点$(x_0,f(x_0))$处可能有切线. （ ）

3. 设函数 $f(x)$ 在$[a,b]$上可导,则 $f(x)$ 在$[a,b]$上满足 Lagrange 中值定理的条件. （ ）

4. 若函数 $f(x)$ 与 $g(x)$ 在 X 上都一致连续,则 $f(x)g(x)$ 在 X 上也必定一致连续. （ ）

5. 若 $x_n>y_n,n=1,2,\cdots$,且$\lim\limits_{n\to\infty}x_n=a,\lim\limits_{n\to\infty}y_n=b$,则必有 $a>b$. （ ）

6. 若数列$\{a_n\}$是无穷大量,$\{b_n\}$是有界变量,则$\{a_nb_n\}$一定是无穷大量. （ ）

7. 若 $\forall\varepsilon>0,f(x)\in C[a+\varepsilon,b-\varepsilon]$,则必有 $f(x)\in C(a,b)$. （ ）

8. 若$\lim\limits_{n\to\infty}n\left[f\left(x_0+\dfrac{1}{n}\right)-f(x_0)\right]=A$($A$ 为有限数),则必定有 $f'(x_0)=A$. （ ）

三、用定义证明(每题 5 分,共 10 分)

1. $\lim\limits_{x\to1}(x^2-6x+5)=0$.

2. 函数 $f(x)=\cos\sqrt{x}$ 在$[0,+\infty)$上一致连续.

四、计算题(每题 5 分,共 30 分)

1. 求$\lim\limits_{n\to\infty}\left(\frac{1}{\sqrt{n^2+\pi}}+\frac{1}{\sqrt{n^2+2\pi}}+\cdots+\frac{1}{\sqrt{n^2+n\pi}}\right)$.

2. 求$\lim\limits_{x\to 0}\left(\frac{1}{x^2}-\frac{1}{\sin^2 x}\right)$.

五、证明题(共 35 分)

1. (8 分) 设 $0 < a_1 < b_1$, $a_{n+1} = \sqrt{a_n b_n}$, $b_{n+1} = \dfrac{a_n + b_n}{2}$, $n = 1, 2, \cdots$, 证明:数列 $\{a_n\}$ 与 $\{b_n\}$ 的极限存在且相等.

2. (8 分) 设函数 $f(x)$ 在 $(-\infty, +\infty)$ 内连续,且 $\lim\limits_{x \to \infty} f(x) = A$,证明:$f(x)$ 在 $(-\infty, +\infty)$ 内有界.

3. (8 分) 设函数 $f(x)$ 在闭区间$[a,b]$上连续,在(a,b)内可导,$0<a<b$,证明:$\exists \xi \in (a,b)$,使得 $f(b)-f(a)=\xi \ln \frac{b}{a} \cdot f'(\xi)$.

5. 拉格朗日中值定理.

6. 归结原则($\lim\limits_{x \to x_0} f(x)$ 型的海涅定理).

二、用定义证明(每题 6 分,共 12 分)

1. $\lim\limits_{x \to 1} \dfrac{x}{2x^2+1} = \dfrac{1}{3}$.

2. 函数 $f(x) = \dfrac{1}{x^2}$ 在$(0,1]$上不一致连续.

三、解答题(共 40 分)

1.(6 分)设 $a_n = \dfrac{3^n}{n!}$,求极限 $\lim\limits_{n\to\infty} a_n$.

2.(6 分)设 $y = e^{\sin x}\ln(\sqrt{1+x^2})$,求 dy.

四、证明题(共 30 分)

1. (6 分) 设 $f(x) \in C[a,b]$,在 (a,b) 可导,且 $f(a) = f(b) = 0$,证明:对 $\forall \beta \in \mathbf{R}$, $\exists \xi \in (a,b)$,使 $\beta f(\xi) = f'(\xi)$.

2. (6 分) 证明:$\dfrac{b-a}{b} < \ln \dfrac{b}{a} < \dfrac{b}{a}$,其中 $0 < a < b$.

3.（6 分）设 $S=\left\{1,\frac{1}{2},\frac{1}{3},\cdots,\frac{1}{n},\cdots\right\}\cup\{2\}$，求出 S 的上、下确界并加以证明.

3. 求$\int \frac{x\mathrm{d}x}{\sqrt{5+x-x^2}}$.

4. 求$\int \frac{\mathrm{d}x}{x^3+1}$.

5. 求$\int \frac{x^4-3}{x(x^8+3x^4+2)}\mathrm{d}x$.

6. 求$\int \frac{1-\sqrt{x+1}}{1+\sqrt[3]{x+1}}\mathrm{d}x$.

7. 求$\int \frac{\mathrm{d}x}{x+\sqrt{x^2+x+1}}$.

8. 求$\int \ln^2(x+\sqrt{1+x^2})\mathrm{d}x$.

3. 求不定积分$\int \frac{x^4 \arctan x}{1+x^2} \mathrm{d}x$.

4. 求不定积分$\int \max\{1, x^2\} \mathrm{d}x$.

5. [2024 中国矿业大学(北京)] 求不定积分$\int \frac{x\mathrm{e}^x}{\sqrt{\mathrm{e}^x+1}} \mathrm{d}x$.

6.（2024 东南大学）求不定积分$\int \frac{\arccos x}{x^2}\mathrm{d}x$.

7.（2023 四川大学）求不定积分$\int x\ln \frac{1+x}{1-x}\mathrm{d}x$.

3.（2024 北京邮电大学）求积分$\int_{-\frac{\pi}{2}}^{\frac{\pi}{2}}\frac{1+\sin 3x}{1+\cos^2 x}\mathrm{d}x$.

4.（2024 南京航空航天大学）求积分$\int_0^{\frac{\pi}{4}}\frac{x}{1+\cos 2x}\mathrm{d}x$.

5. 求积分$\int_0^{\pi}\sin^{n-1}x\cos(n+1)x\mathrm{d}x$.

三、证明题(每题 15 分,共 30 分)

1. 设函数 $f(x)$ 及 $\varphi(x)$ 在$[a,b]$上连续,证明:$\lim\limits_{\|T\|\to 0}\sum\limits_{i=1}^{n}f(\xi_i)\varphi(\theta_i)\Delta x_i=\int_a^b f(x)\varphi(x)\mathrm{d}x$,

其中 $x_{i-1}\leqslant\xi_i\leqslant x_i$,$x_{i-1}\leqslant\theta_i\leqslant x_i(i=1,2,\cdots,n)$,且 $\Delta x_i=x_i-x_{i-1}(x_0=a,x_n=b)$.

3. 多次利用分部积分法，计算欧拉积分 $\mathbf{B}(m,n)=\int_0^1 x^{m-1}(1-x)^{n-1}\mathrm{d}x$，其中 m 及 n 为正整数.

4. 求$\int_E |\cos x| \sqrt{\sin x}\,\mathrm{d}x$，其中 E 为$[0,4\pi]$中使被积分式有意义的一切值的集合.

5. (2024 浙江大学) 求极限$\lim\limits_{n\to\infty}\sqrt[n]{\cos\frac{\pi}{2n}\cos\frac{3\pi}{2n}\cdots\cos\frac{2n-1}{2n}\pi}$.

6.（2024 复旦大学）计算积分$\int_{\frac{\pi}{6}}^{\frac{\pi}{3}}\frac{\cos^2 x}{x(\pi-2x)}\mathrm{d}x$.

三、证明题(每题 15 分,共 30 分)

1.（2024 厦门大学）设反常积分$\int_a^{+\infty}f(x)\mathrm{d}x$收敛,且$f(x)$单调,证明:$\lim\limits_{x\to+\infty}xf(x)=0$.

4. 求 $x=\frac{1}{4}y^2-\frac{1}{2}\ln y(1\leqslant y\leqslant \mathrm{e})$ 的长度.

5. 求 $x=a(\cos t+t\sin t), y=a(\sin t-t\cos t)(0\leqslant t\leqslant 2\pi)$(圆的渐伸线) 的长度.

6. 求 $\theta=\frac{1}{2}\left(r+\frac{1}{r}\right)(1\leqslant r\leqslant 3)$ 的长度.

7. 求旋转抛物体的体积，其底为 S，高为 H.

8. 求$\frac{x^2}{a^2}+\frac{y^2}{b^2}=1$与 $z=\frac{c}{a}x$，$z=0$ 所围的体积.

4.（8 分）求 $y^2=2px(0\leqslant x\leqslant x_0)$ 的长度.

5.（8 分）求 $x=a\cos^4 t, y=a\sin^4 t$ 的长度.

6.（10 分）求 $r=a\operatorname{th}\dfrac{\theta}{2}(0\leqslant\theta\leqslant 2\pi)$ 的长度.

7.（10 分）求曲线 $y=\pm\left(\frac{1}{3}-x\right)\sqrt{x}$ 的封闭部分与等周长圆周所分别围成的面积之比.

8.（10 分）求$\frac{x^2}{a^2}+\frac{y^2}{b^2}+\frac{z^2}{c^2}=1$（椭球面）所围立体的体积.

2. 讨论瑕积分$\int_a^b \frac{\mathrm{d}x}{(x-a)^p}$是否收敛?若收敛,则求其值.

3. 讨论反常积分$\int_1^{+\infty} \frac{\ln(1+x)}{x^n}\mathrm{d}x$的敛散性.

4. 讨论反常积分$\int_e^{+\infty} \frac{\ln(\ln x)}{\ln x}\sin x\mathrm{d}x$是条件收敛还是绝对收敛.

5. 讨论反常积分$\int_{0}^{+\infty} \frac{\sin^2 x}{x} dx$ 的敛散性.

6. 讨论反常积分$\int_{0}^{+\infty} \frac{\sin x}{x} dx$ 的绝对收敛与条件收敛性.

3. 讨论反常积分$\int_0^{+\infty} x^{p-1}\mathrm{e}^{-x}\mathrm{d}x$的敛散性.

4. 讨论反常积分$\int_0^{+\infty}\frac{\cos ax}{1+x^n}\mathrm{d}x(n\geqslant 0)$的敛散性.

5. 讨论$\int_0^{+\infty}\frac{\sqrt{x}\cos x}{x+100}\mathrm{d}x$的条件收敛与绝对收敛性.

6. 讨论反常积分$\int_0^{+\infty}\frac{\sin bx}{x^{\lambda}}\mathrm{d}x(b\neq 0)$，$\lambda$ 取何值时积分绝对收敛或条件收敛.

三、证明题(每题 15 分,共 30 分)

1. 证明:设 f 在$[0,+\infty)$上连续,$0<a<b$.

(1) 若 $\lim\limits_{x\to+\infty}f(x)=k$,则

$$\int_0^{+\infty}\frac{f(ax)-f(bx)}{x}\mathrm{d}x=(f(0)-k)\ln\frac{b}{a}.$$

(2) 若$\int_0^{+\infty}\frac{f(x)}{x}\mathrm{d}x$ 收敛,则

$$\int_0^{+\infty}\frac{f(ax)-f(bx)}{x}\mathrm{d}x=f(0)\ln\frac{b}{a}.$$

4. 微积分基本定理.

二、判断题(正确的划 $\surd$,错误的划 $\times$,每小题 2 分,共 16 分)

1. 设数列 $\{a_n\}$ 收敛, $\{b_n\}$ 发散,则数列 $\{a_n-b_n\}$ 发散. ( )

2. 若 $\lim\limits_{x\to x_0}|f(x)|=0$,则 $\lim\limits_{x\to x_0}f(x)=0$. ( )

3. 设 $f(x)$ 在 $[a,+\infty)$ 上连续,且 $\int_a^{+\infty}f(x)\mathrm{d}x$ 收敛,则 $\lim\limits_{x\to+\infty}f(x)=0$. ( )

4. 若 $f(x)\in C[a,b]$,则 $\int_a^x f(t)\mathrm{d}t$ 在 $[a,b]$ 上可导. ( )

5. 若 $f(x)$ 在区间 I 上一致连续,则 $f(x)$ 在 I 上有界. ( )

6. 若积分 $\int_a^{+\infty}f(x)\mathrm{d}x$ 收敛,则 $\int_a^{+\infty}f^2(x)\mathrm{d}x$ 也收敛. ( )

7. 若 $|f(x)|$ 在 $[a,b]$ 上可积,则 $f^2(x)$ 在 $[a,b]$ 上可积. ( )

8. $\int_0^{+\infty}x^{-p}\mathrm{d}x(p>0)$ 在 $p>1$ 时收敛, $p\leqslant 1$ 时发散. ( )

三、用定义证明(每题 5 分,共 10 分)

1. 证明: $\lim\limits_{n\to\infty}\dfrac{\log_a n}{n}=0(a>1)$.

2. 证明：函数 $f(x) = \sin \dfrac{\pi}{x}$ 在$(0,1)$内非一致连续.

四、解答题(每题 6 分,共 30 分)

1. 设 $f(x) = \begin{cases} x^4 \sin \dfrac{1}{x}, & x \neq 0, \\ 0, & x = 0, \end{cases}$ 求 $f''(x)$.

五、证明题(每题 8 分,共 32 分)

1. 设 $\lim\limits_{x\to-\infty} f(x) = A > 0$,证明:$\exists X > 0$,当 $x < -X$ 时,有 $\dfrac{A}{2} < f(x) < \dfrac{3}{2}A$.

2. 已知 $f(x) \in C[a,b]$ 且不恒为零,证明:$\int_a^b f^2(x)\mathrm{d}x > 0$.

3. 设函数 $f(x)$ 在 x_0 的某邻域 $U(x_0)$ 内连续，在 $U^{\circ}(x_0)$ 内可导，且极限 $\lim\limits_{x \to x_0} f'(x)$ 存在. 证明：$f(x)$ 在 x_0 处可导且 $f'(x)$ 在 x_0 处连续.

三、解答题(每题 8 分,共 48 分)

1. 求不定积分$\int \frac{xe^x}{(x+1)^2}dx$与$\int \frac{1}{(x-1)^2(x-2)}dx$.

2. 求极限$\lim\limits_{x\to 0}\left[\frac{1}{\ln(1+x)}-\frac{1}{\ln(x+\sqrt{1+x^2})}\right]$.

3. 试分别按函数极限的:(1) 定义;(2) 柯西准则,写出“$f(x)$ 在 $x\to x_0$ 时极限不存在”的正确陈述,并以狄利克雷函数:$D(x)=\begin{cases}1, & x\text{ 为有理数},\\ 0, & x\text{ 为无理数}\end{cases}$ 为例说明 $x\to 1$ 时,$D(x)$ 的极限不存在.

4. 求极限$\lim\limits_{n\to\infty}\dfrac{\sqrt[n]{n!}}{n}$.

5. 已知曲线 L 的方程为$\begin{cases}x=t^2+1,\\y=4t-t^2\end{cases}$ $(t\geqslant 0)$.

(1) 讨论 L 的凹凸性；

(2) 过点$(-1,0)$ 引 L 的切线，求切点(x_0,y_0)，并写出切线方程；

(3) 求此切线与 L(对应于 $x\leqslant x_0$ 的部分) 及 x 轴所围成的平面图形的面积.

6. 计算广义积分$\int_0^{\frac{\pi}{2}}\ln\sin x\mathrm{d}x$.

参考答案

第一章　实数集与函数　巩固练习A卷

一、填空题

1. 0,2　2. [1,100],[−3,3]　3. $\frac{\pi}{5}$　4. 0,1　5. $\sqrt{2}$, $-\sqrt{2}$

二、解答题

1. 解　两边平方得 $(2x-1)^2<(x-1)^2$，即 $3x^2-2x<0$，解得 $0<x<\frac{2}{3}$.

2. 解　因为 $f(x+1)=(x+1)^2-5(x+1)+6$，于是 $f(x)=x^2-5x+6$.

3. 解　由于 $y+xy=1-x$，得反函数 $x=\frac{1-y}{1+y}, y\neq -1$.

4. 解　当 $a=0$ 时，$f(x)=bx+c$，$\forall x_1,x_2\in(-\infty,+\infty)$，$x_1<x_2$，有

$$f(x_2)-f(x_1)=b(x_2-x_1)\begin{cases}>0, b>0,\\<0, b<0.\end{cases}$$

故当 $b>0$ 时，$f(x)$ 严格单调递增；当 $b<0$ 时，$f(x)$ 严格单调递减.

当 $a\neq 0$ 时，有

$$f(x)=a\left(x+\frac{b}{2a}\right)^2+\frac{4ac-b^2}{4a}.$$

(ⅰ) 当 $a>0$ 时，抛物线开口向上，顶点在 $\left(-\frac{b}{2a},\frac{b^2-4ac}{4a}\right)$.

于是，$f(x)$ 在 $\left(-\infty,-\frac{b}{2a}\right)$ 上严格单调递减；$f(x)$ 在 $\left[-\frac{b}{2a},+\infty\right)$ 上严格单调递增.

(ⅱ) 当 $a<0$ 时，抛物线开口向下.

于是，$f(x)$ 在 $\left(-\infty,-\frac{b}{2a}\right)$ 上严格单调递增；$f(x)$ 在 $\left[-\frac{b}{2a},+\infty\right)$ 上严格单调递减.

5. 解　利用余弦定理得三角形的边

$$a=\sqrt{6^2+8^2-2\cdot 6\cdot 8\cos x}=\sqrt{100-96\cos x}\ (0<x<\pi),$$

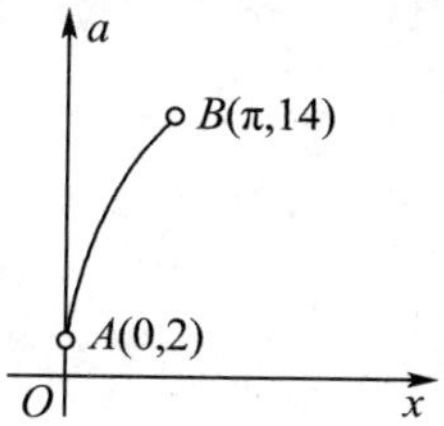

图1

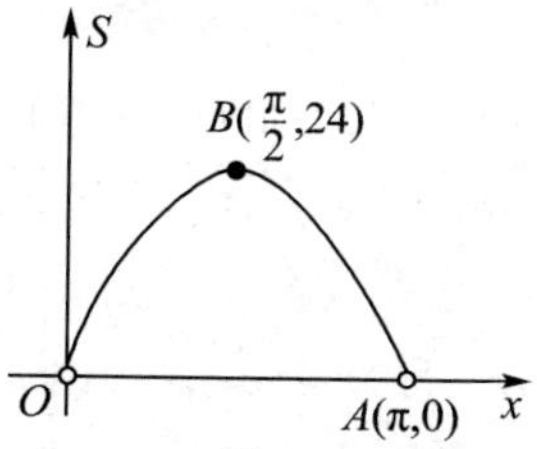

图2

图像如图 1 所示，为不包含 A 点及 B 点的曲线弧 $\overset{\frown}{AB}$.

三角形的面积

$$S=\frac{1}{2}\cdot 6\cdot 8\sin x=24\sin x(0<x<\pi).$$

图像如图 2 所示，为不包含 O 点及 A 点的弧 $\overset{\frown}{OBA}$（两轴取不同单位）.

6. 解　由 $\begin{cases}f(-1)=-a+b-c+d=0,\\ f(0)=d=2,\\ f(1)=a+b+c+d=-3,\\ f(2)=8a+4b+2c+d=5,\end{cases}$ 解得 $\begin{cases}a=\dfrac{10}{3},\\ b=-\dfrac{7}{2},\\ c=-\dfrac{29}{6},\\ d=2.\end{cases}$

于是，所求的三次有理函数 $f(x)=\frac{10}{3}x^3-\frac{7}{2}x^2-\frac{29}{6}x+2$.

三、证明题

1. 证　当 $n=1$ 时，因为 $\frac{1}{2}<\frac{1}{\sqrt{3}}$，故不等式成立.

假设当 $n=k$ 时，不等式成立，即 $\frac{1}{2}\cdot\frac{3}{4}\cdot\cdots\cdot\frac{2k-1}{2k}<\frac{1}{\sqrt{2k+1}}$.

则当 $n=k+1$ 时，由于 $4k^2+8k+3<4k^2+8k+4$，即 $(2k+1)(2k+3)<(2k+2)^2$，亦即 $\frac{\sqrt{2k+1}}{2k+2}<\frac{1}{\sqrt{2k+3}}$，因此由归纳假设有

$$\frac{1}{2}\cdot\frac{3}{4}\cdot\cdots\cdot\frac{2k+1}{2k+2}<\frac{1}{\sqrt{2k+1}}\cdot\frac{2k+1}{2k+2}=\frac{\sqrt{2k+1}}{2k+2}<\frac{1}{\sqrt{2k+3}},$$

即当 $n=k+1$ 时，不等式也成立.

于是，由数学归纳法知，对任何正整数 n，有 $\frac{1}{2}\cdot\frac{3}{4}\cdot\cdots\cdot\frac{2n-1}{2n}<\frac{1}{\sqrt{2n+1}}$.

2. 证　$f(x+3)-3f(x+2)+3f(x+1)-f(x)$

$$\begin{aligned}&=a(x+3)^2+b(x+3)+c-3[a(x+2)^2+b(x+2)+c]\\&\quad+3[a(x+1)^2+b(x+1)+c]-(ax^2+bx+c)\\&=ax^2+6ax+9a+bx+3b+c-3ax^2-12ax-12a-3bx-6b-3c\\&\quad+3ax^2+6ax+3a+3bx+3b+3c-ax^2-bx-c\\&=0.\end{aligned}$$

于是 $f(x+3)-3f(x+2)+3f(x+1)-f(x)\equiv 0$.

3. 证　设 $\inf A=\alpha_1$，$\inf B=\alpha_2$，由于 $\forall x\in A, y\in B$，有 $x\geqslant 0, y\geqslant 0$，故 $\alpha_1\geqslant 0, \alpha_2\geqslant 0$.

于是

(ⅰ) $\forall x\in A, y\in B$，有 $x\geqslant\alpha_1\geqslant 0, y\geqslant\alpha_2\geqslant 0$；

(ⅱ) 对 $\forall\varepsilon>0$，$\exists x_0\in A, y_0\in B$，使 $0\leqslant x_0<\alpha_1+\varepsilon, 0\leqslant y_0<\alpha_2+\varepsilon$.

由(ⅰ)及(ⅱ)推得:

(ⅲ) $\forall z \in AB$,有 $z = xy \geqslant \alpha_1\alpha_2$;

(ⅳ) 对 $\forall \varepsilon > 0$,$\exists z_0 = x_0y_0 \in AB$,使 $0 \leqslant x_0y_0 < (\alpha_1+\varepsilon)(\alpha_2+\varepsilon) = \alpha_1\alpha_2 + \varepsilon'$,其中 $\varepsilon' = (\alpha_1+\alpha_2)\varepsilon + \varepsilon^2$.

由(ⅲ)及(ⅳ)知数 $\inf(AB) = \alpha_1\alpha_2 = \inf A \cdot \inf B$.

第一章　实数集与函数　优化提高B卷

一、填空题

1. $\dfrac{f(x)+f(-x)}{2}+\dfrac{f(x)-f(-x)}{2}$　2. $\{x \mid x>0, x\neq n, n\in \mathbf{N}_+\}$　3. 2π　4. 0,1　5. $1,\dfrac{1}{2}$

二、解答题

1. **解**　**方法一**　令 $x-2=t$,则 $x=2+t$,原不等式变为

$$|t+4|+|t|\leqslant 12,\text{即} |t+4|\leqslant 12-|t|.$$

两边平方得 $t^2+8t+16\leqslant 144-24|t|+t^2$,即 $3|t|\leqslant 16-t$.

将上式两边再平方,化简整理得 $t^2+4t-32\leqslant 0$,于是有 $-8\leqslant t\leqslant 4$. 从而得

$$-8\leqslant x-2\leqslant 4,\text{即} -6\leqslant x\leqslant 6 \text{或} |x|\leqslant 6.$$

方法二　当 $-2\leqslant x\leqslant 2$ 时,不等式显然成立.

当 $x>2$ 时,由 $|x+2|+|x-2|=2x\leqslant 12$,可得 $x\leqslant 6$.

当 $x<-2$ 时,由 $|x+2|+|x-2|=-2x\leqslant 12$,可得 $x\geqslant -6$.

综上,原不等式的解为 $-6\leqslant x\leqslant 6$ 或 $|x|\leqslant 6$.

2. **解**　$AH=\dfrac{1}{2}(a-b)$,分三种情况讨论:

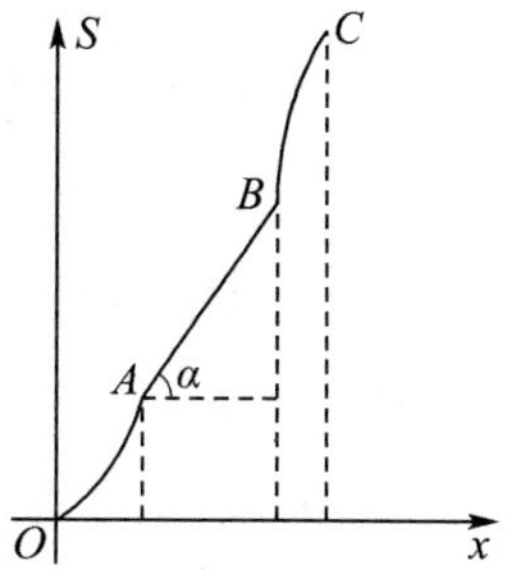

(1) 当 $0\leqslant x\leqslant \dfrac{a-b}{2}$ 时,即 MN 线在 $\triangle ABH$ 内,此时

$\dfrac{MN}{h}=\dfrac{x}{\frac{a-b}{2}}$,$MN=\dfrac{2hx}{a-b}$. 于是

$$S=\frac{1}{2}MN\cdot x=\frac{hx^2}{a-b}.$$

图像为右图中弧$\overset{\frown}{OA}$(为抛物线段).

(2) 当$\dfrac{a-b}{2}<x<\dfrac{a-b}{2}+b=\dfrac{a+b}{2}$ 时,面积

$$S=\frac{a-b}{2}\cdot\frac{h}{2}+h\left(x-\frac{a-b}{2}\right)=h\left(x-\frac{a-b}{4}\right).$$

图像为图中不含 A 点及 B 点的直线段 AB.

(3) $\dfrac{a+b}{2}\leqslant x\leqslant a$ 时,面积

$$S=\frac{h(a+b)}{2}-\frac{h}{a-b}\cdot(a-x)^2=h\left[\frac{a+b}{2}-\frac{(a-x)^2}{a-b}\right].$$

图像为图中抛物线段$\overset{\frown}{BC}$.

图中各点的位置如下：

$$A\left(\frac{a-b}{2},\frac{h(a-b)}{4}\right),B\left(\frac{a+b}{2},\frac{h(a+3b)}{4}\right),C\left(a,\frac{h(a+b)}{2}\right),\tan\alpha=h.$$

3. 解 由$\begin{cases}f(0)=a+b=15,\\f(2)=a+bc^2=30,\\f(4)=a+bc^4=90,\end{cases}$解得$\begin{cases}a=10,\\b=5,\\c=2.\end{cases}$于是,所求的函数 $f(x)=10+5\cdot 2^x$.

4. 解 **方法一** 因为 $f\left(\frac{1}{x}\right)=\dfrac{1+\sqrt{1+\left(\frac{1}{x}\right)^2}}{\frac{1}{x}}$,于是 $f(x)=\dfrac{1+\sqrt{1+x^2}}{x}$.

方法二 令 $t=\frac{1}{x}$,则 $x=\frac{1}{t}$,$f(t)=\frac{1}{t}+\sqrt{1+\left(\frac{1}{t}\right)^2}=\dfrac{1+\sqrt{1+t^2}}{t}$,从而

$$f(x)=\frac{1+\sqrt{1+x^2}}{x}.$$

5. 解 $x=\begin{cases}y, & -\infty<y<1,\\\sqrt{y}, & 1\leqslant y\leqslant 16,\\\log_2 y, & 16<y<+\infty.\end{cases}$

三、证明题

1. 证 若 A 和 B 至少有一个无上界,即 $\sup A=+\infty$ 和 $\sup B=+\infty$ 至少有一个成立,故

$$\sup(A+B)=+\infty=\sup A+\sup B.$$

下设 A 和 B 都有上界,从而都存在上确界,设 $\sup A=\beta_1$,$\sup B=\beta_2$,则有

(ⅰ) $\forall x\in A,y\in B$,有 $x\leqslant\beta_1,y\leqslant\beta_2$;

(ⅱ) 对 $\forall\varepsilon>0$,$\exists x_0\in A,y_0\in B$,使 $x_0>\beta_1-\frac{\varepsilon}{2},y_0>\beta_2-\frac{\varepsilon}{2}$.

由(ⅰ)及(ⅱ)可得:

(ⅲ) $\forall z\in A+B$,有 $z\leqslant\beta_1+\beta_2$;

(ⅳ) 对 $\forall\varepsilon>0$,$\exists z_0=x_0+y_0\in A+B$,使 $z_0>\beta_1+\beta_2-\varepsilon$.

由(ⅲ)及(ⅳ)知,$\sup(A+B)=\beta_1+\beta_2=\sup A+\sup B$.

2. 证 不失一般性,不妨设 $A\neq\{0\}$,$B\neq\{0\}$.

若 A 和 B 至少有一个无上界,则 $\sup A=+\infty$ 和 $\sup B=+\infty$ 至少有一个成立,由 $\forall x\in A$,$y\in B$,有 $x\geqslant 0,y\geqslant 0$ 可知

$$\sup(AB)=+\infty=\sup A\cdot\sup B.$$

下设 A 和 B 都有上界,设 $\sup A=\beta_1$,$\sup B=\beta_2$,由于 $\forall x\in A,y\in B$,有 $x\geqslant 0,y\geqslant 0$,以及 $A\neq\{0\}$,$B\neq\{0\}$,故 $\beta_1>0,\beta_2>0$. 于是

(ⅰ) $\forall x\in A,y\in B$,有 $x\leqslant\beta_1,y\leqslant\beta_2$;

（ⅱ）对 $\forall \varepsilon > 0$（不妨设 $\varepsilon < \min\{\beta_1, \beta_2\}$），$\exists x_0 \in A, y_0 \in B$，使

$$x_0 > \beta_1 - \varepsilon > 0, y_0 > \beta_2 - \varepsilon > 0.$$

由（ⅰ）及（ⅱ）推得：

（ⅲ）$\forall z \in AB$，有 $z = xy \leqslant \beta_1\beta_2$；

（ⅳ）对 $\forall \varepsilon > 0$，$\exists z_0 = x_0y_0 \in AB$，使 $x_0y_0 > (\beta_1 - \varepsilon)(\beta_2 - \varepsilon) = \beta_1\beta_2 - \varepsilon'$，其中 $\varepsilon' = (\beta_1 + \beta_2)\varepsilon - \varepsilon^2$.

由（ⅲ）及（ⅳ）知数 $\sup A \cdot \sup B = \sup(AB)$.

3. **证**　$\forall x_1, x_2 \in (-\infty, +\infty), x_1 < x_2$，有

$$|\sin x_2 - \sin x_1| = 2\left|\cos\frac{x_1 + x_2}{2}\right|\left|\sin\frac{x_2 - x_1}{2}\right| \leqslant 2\left|\sin\frac{x_2 - x_1}{2}\right| \leqslant 2\left|\frac{x_2 - x_1}{2}\right| = |x_2 - x_1|,$$

于是

$$f(x_2) - f(x_1) = 2(x_2 - x_1) + \sin x_2 - \sin x_1 \geqslant 2(x_2 - x_1) - (x_2 - x_1) = x_2 - x_1 > 0.$$

故 $f(x) = 2x + \sin x$ 在 $(-\infty, +\infty)$ 上是严格单调递增函数.

4. **证**　由取整函数的定义，对 $\forall x \in \mathbf{R}\backslash\{0\}$，有 $\frac{1}{x} - 1 < \left[\frac{1}{x}\right] \leqslant \frac{1}{x}$.　①

(1) 当 $x > 0$ 时，在 ① 式两边同乘 x 得，$1 - x < x\left[\frac{1}{x}\right] \leqslant 1$.

(2) 当 $x < 0$ 时，在 ① 式两边同乘 x 得，$1 \leqslant x\left[\frac{1}{x}\right] < 1 - x$.

第二章　数列极限　巩固练习 A 卷

一、填空题

1. 0，10 000　2. 0　3. $\frac{1-b}{1-a}$　4. 1　5. $\frac{4}{5}$

二、解答题

1. **解**　$\lim\limits_{n\to\infty}\left[\frac{1^2}{n^3} + \frac{2^2}{n^3} + \cdots + \frac{(n-1)^2}{n^3}\right] = \lim\limits_{n\to\infty}\frac{(n-1)n(2n-1)}{6n^3} = \lim\limits_{n\to\infty}\frac{1}{6}(1 - \frac{1}{n})(2 - \frac{1}{n}) = \frac{1}{3}$.

2. **解**　设 $s_n = \frac{1}{2} + \frac{3}{2^2} + \frac{5}{2^3} + \cdots + \frac{2n-1}{2^n}$，则

$$\frac{1}{2}s_n = \frac{1}{2^2} + \frac{3}{2^3} + \cdots + \frac{2n-3}{2^n} + \frac{2n-1}{2^{n+1}},$$

从而

$$s_n - \frac{1}{2}s_n = \frac{1}{2} + \frac{2}{2^2} + \frac{2}{2^3} + \cdots + \frac{2}{2^n} - \frac{2n-1}{2^{n+1}} = \frac{1}{2} + 1 - \frac{2}{2^n} - \frac{2n-1}{2^{n+1}},$$

于是

$$s_n = 3 - \frac{4}{2^n} - \frac{2n-1}{2^n} = 3 - \frac{2n+3}{2^n},$$

而$\lim\limits_{n\to\infty}\frac{2n+3}{2^n}=0$，故得$\lim\limits_{n\to\infty}\left(\frac{1}{2}+\frac{3}{2^2}+\frac{5}{2^3}+\cdots+\frac{2n-1}{2^n}\right)=3$.

3. 解　记 $x_n=\frac{1}{n}-\frac{2}{n}+\frac{3}{n}-\cdots+\frac{(-1)^{n-1}n}{n}$，则

$$x_{2k}=\frac{1}{2k}-\frac{2}{2k}+\frac{3}{2k}-\cdots-\frac{2k}{2k}=\frac{-k}{2k}=-\frac{1}{2},$$

$$x_{2k-1}=\frac{1}{2k-1}-\frac{2}{2k-1}+\frac{3}{2k-1}-\cdots+\frac{2k-1}{2k-1}=\frac{k}{2k-1},$$

$$\lim_{k\to\infty}x_{2k}=\frac{1}{2}\neq-\frac{1}{2}=\lim_{k\to\infty}x_{2k-1},$$

所以，极限$\lim\limits_{n\to\infty}\left[\frac{1}{n}-\frac{2}{n}+\frac{3}{n}-\cdots+\frac{(-1)^{n-1}n}{n}\right]$不存在.

三、证明题

1. 证　**方法一**　当 $n>1$ 时，令$\sqrt[n]{n}=1+h_n(h_n>0)$，则 $n=(1+h_n)^n>1+\frac{n(n-1)}{2}h_n^2$，

故 $h_n<\sqrt{\frac{2}{n}}$，于是 $0<\sqrt[n]{n}-1=h_n<\sqrt{\frac{2}{n}}$，由$\lim\limits_{n\to\infty}\sqrt{\frac{2}{n}}=0$ 及迫敛性知，$\lim\limits_{n\to\infty}\sqrt[n]{n}=1$.

方法二（利用均值不等式）

因 $1\leqslant\sqrt[n]{n}=\sqrt[n]{\sqrt{n}\cdot\sqrt{n}\cdot 1\cdots 1}\leqslant\frac{2\sqrt{n}+n-2}{n}<1+\frac{2}{\sqrt{n}}$，$\lim\limits_{n\to\infty}\left(1+\frac{2}{\sqrt{n}}\right)=1$. 故$\lim\limits_{n\to\infty}\sqrt[n]{n}=1$.

2. 证　显然 $x_n>0(n\in\mathbf{N})$，又

$$x_{n+1}=\frac{1}{2}\left(x_n+\frac{a}{x_n}\right)\geqslant\sqrt{x_n\cdot\frac{a}{x_n}}=\sqrt{a},$$

则

$$\frac{x_{n+1}}{x_n}=\frac{1}{2}\left(1+\frac{a}{x_n^2}\right)\leqslant 1.$$

因此，数列$\{x_n\}$单调递减有下界，由单调有界原理知数列$\{x_n\}$收敛.

设$\lim\limits_{n\to\infty}x_n=l$，则 $l\geqslant\sqrt{a}>0$，在 $x_{n+1}=\frac{1}{2}\left(x_n+\frac{a}{x_n}\right)$两边取极限，得 $l=\frac{1}{2}\left(l+\frac{a}{l}\right)$，解得 $l=\sqrt{a}$（负值舍去），故 $\lim\limits_{n\to\infty}x_n=\sqrt{a}$.

3. 证　$\forall\varepsilon>0$，由于当 $m>n$ 时有

$$|x_m-x_n|=\left|\frac{\cos(n+1)!}{(n+1)(n+2)}+\cdots+\frac{\cos m!}{m(m+1)}\right|\leqslant\frac{1}{(n+1)(n+2)}+\cdots+\frac{1}{m(m+1)}$$

$$=\left(\frac{1}{n+1}-\frac{1}{n+2}\right)+\cdots+\left(\frac{1}{m}-\frac{1}{m+1}\right)$$

$$=\frac{1}{n+1}-\frac{1}{m+1}<\frac{1}{n+1}<\frac{1}{n},$$

取 $N=\left[\frac{1}{\varepsilon}\right]$，则当 $m>n>N$ 时，有$|x_m-x_n|<\varepsilon$. 由柯西准则知，数列$\{x_n\}$收敛.

4. 证　归纳易知 $\forall n \in \mathbf{N}_+, x_n > 0$，所以递推式可以化为$\frac{1}{x_{n+1}^2} = \frac{1}{x_n^2} + \frac{1}{2}$，累加可得$\frac{1}{x_n^2} = 2 + \frac{1}{2}(n-1) = \frac{n+3}{2}$，即 $x_n = \sqrt{\frac{2}{n+3}}$. 所以$\lim\limits_{n\to\infty} x_n = \lim\limits_{n\to\infty}\sqrt{\frac{2}{n+3}} = 0$.

5. 证　(1) 因为$\left(1+\frac{1}{n}\right)^n < \mathrm{e} < \left(1+\frac{1}{n}\right)^{n+1}$，两边取自然对数，得

$$n\ln\left(1+\frac{1}{n}\right) < 1 < (n+1)\ln\left(1+\frac{1}{n}\right),$$

故$\frac{1}{n+1} < \ln\left(1+\frac{1}{n}\right) < \frac{1}{n}$.

(2) 因为 $\ln\left(1+\frac{1}{n}\right) < \frac{1}{n}$，故 $\ln(n+1) - \ln n < \frac{1}{n}$. 令 $n = 1, 2, \cdots, n$，得

$$\ln 2 - \ln 1 < 1, \ln 3 - \ln 2 < \frac{1}{2}, \ln 4 - \ln 3 < \frac{1}{3}, \cdots, \ln(n+1) - \ln n < \frac{1}{n},$$

相加得 $\ln(n+1) < 1 + \frac{1}{2} + \frac{1}{3} + \cdots + \frac{1}{n}$. 于是

$$x_{n+1} = 1 + \frac{1}{2} + \frac{1}{3} + \cdots + \frac{1}{n} + \frac{1}{n+1} - \ln(n+1) > \frac{1}{n+1} > 0,$$

即数列 $\{x_n\}$ 有下界. 其次

$$x_n - x_{n+1} = -\frac{1}{n+1} + \ln(n+1) - \ln n = \ln\left(1+\frac{1}{n}\right) - \frac{1}{n+1} > 0,$$

因为$\frac{1}{n+1} < \ln\left(1+\frac{1}{n}\right)$，所以 $x_n - x_{n+1} > 0$，即数列 $\{x_n\}$ 单调递减. 由单调有界原理，$\lim\limits_{n\to\infty} x_n$ 存在，即数列 $\{x_n\}$ 收敛.

第二章　数列极限　优化提高 B 卷

一、填空题

1. 0　2. 1　3. $\frac{1}{3}$　4. 2　5. 0

二、解答题

1. 解　设 $s_n = 1^2 + 3^2 + \cdots + (2n-1)^2$，则

$$\begin{aligned} s_n &= [1^2 + 2^2 + \cdots + (2n)^2] - [2^2 + 4^2 + \cdots + (2n)^2] \\ &= \frac{2n(2n+1)(4n+3)}{6} - 4 \cdot \frac{n(n+1)(2n+1)}{6} \\ &= \frac{n(2n+1)^2}{3}, \end{aligned}$$

因而有

$$\lim_{n\to\infty}\left[\frac{1^2}{n^3} + \frac{3^2}{n^3} + \cdots + \frac{(2n-1)^2}{n^3}\right] = \lim_{n\to\infty}\frac{n(2n+1)^2}{3n^3} = \lim_{n\to\infty}\frac{(2n+1)^2}{3n^2} = \frac{4}{3}.$$

2. 解　令 $x_n = 1^p + 2^p + \cdots + n^p$，$y_n = n^{p+1}$，则 $y_{n+1} > y_n$，$\lim\limits_{n\to\infty} y_n = +\infty$，且有

$$\lim_{n\to\infty}\frac{x_{n+1}-x_n}{y_{n+1}-y_n} = \lim_{n\to\infty}\frac{(n+1)^p}{(n+1)^{p+1}-n^{p+1}}$$

$$= \lim_{n\to\infty}\frac{(n+1)^p}{(n+1)^p+(n+1)^{p-1}n+\cdots+(n+1)n^{p-1}+n^p}$$

$$= \lim_{n\to\infty}\frac{\left(1+\frac{1}{n}\right)^p}{\left(1+\frac{1}{n}\right)^p+\left(1+\frac{1}{n}\right)^{p-1}+\cdots+\left(1+\frac{1}{n}\right)+1} = \frac{1}{p+1},$$

其中用到 $a^{p+1}-b^{p+1} = (a-b)(a^p+a^{p-1}b+\cdots+ab^{p-1}+b^p)$. 故

$$\lim_{n\to\infty}\frac{x_n}{y_n} = \lim_{n\to\infty}\frac{1^p+2^p+\cdots+n^p}{n^{p+1}} = \frac{1}{p+1}.$$

3. 解　由 $x_n = \dfrac{x_{n-1}+x_{n-2}}{2}$ 可得

$$x_{n+1}-x_n = \frac{x_n+x_{n-1}}{2}-x_n = \frac{x_n-x_{n-1}}{-2} = \cdots = \frac{x_2-x_1}{(-2)^{n-1}} = \frac{b-a}{(-2)^{n-1}},$$

又

$$x_{n+1} = \sum_{m=1}^{n}(x_{m+1}-x_m)+x_1 = (b-a)\sum_{m=1}^{n}\frac{1}{(-2)^{m-1}}+a$$

$$= (b-a)\cdot\frac{1-\left(-\frac{1}{2}\right)^n}{1-\left(-\frac{1}{2}\right)}+a = \frac{2}{3}(b-a)\cdot\left[1-\left(-\frac{1}{2}\right)^n\right]+a,$$

所以 $\lim\limits_{n\to\infty} x_n = \lim\limits_{n\to\infty}\left\{\dfrac{2}{3}(b-a)\cdot\left[1-\left(-\dfrac{1}{2}\right)^n\right]+a\right\} = \dfrac{a+2b}{3}$.

三、证明题

1. 证　(1) 当 $a=1$ 时，显然 $\lim\limits_{n\to\infty}\sqrt[n]{a} = 1$.

(2) 当 $a>1$ 时，因为 $\sqrt[n]{a} = 1+h_n\,(h_n>0)$，从而 $a=(1+h_n)^n \geqslant 1+nh_n$，故

$$0 < \sqrt[n]{a}-1 = h_n \leqslant \frac{a-1}{n}.$$

由 $\lim\limits_{n\to\infty}\dfrac{a-1}{n} = 0$ 知，$\lim\limits_{n\to\infty}\sqrt[n]{a} = 1$.

(3) 当 $0<a<1$ 时，令 $r=\dfrac{1}{a}$，则 $r>1$，于是 $\lim\limits_{n\to\infty}\sqrt[n]{a} = \lim\limits_{n\to\infty}\dfrac{1}{\sqrt[n]{r}} = \dfrac{1}{\lim\limits_{n\to\infty}\sqrt[n]{r}} = 1$.

综上，当 $a>0$ 时，$\lim\limits_{n\to\infty}\sqrt[n]{a} = 1$.

2. 证　$\forall k\in\{1,2,\cdots,n\}$，$k(n+1-k) = nk-k(k-1) = n+(n-k)(k-1)\geqslant n$. 从而

$$n!\cdot n! = (1\cdot n)\cdot[2\cdot(n-1)]\cdots[k(n+1-k)]\cdots(n\cdot 1)\geqslant n^n,\text{即}(n!)^2\geqslant n^n,$$

于是 $\sqrt[n]{n!}\geqslant\sqrt{n}$，故 $0<\dfrac{1}{\sqrt[n]{n!}}\leqslant\dfrac{1}{\sqrt{n}}$，由 $\lim\limits_{n\to\infty}\dfrac{1}{\sqrt{n}} = 0$ 和迫敛性有 $\lim\limits_{n\to\infty}\dfrac{1}{\sqrt[n]{n!}} = 0$.

3. **证** 由题设 $y_{n+1}=\dfrac{x_n+y_n}{2}\geqslant\sqrt{x_ny_n}=x_{n+1}$，从而当 $n\geqslant2$ 时有，$y_n\geqslant x_n$.

于是当 $n\geqslant2$ 时，

$$y_{n+1}=\frac{x_n+y_n}{2}\leqslant\frac{y_n+y_n}{2}=y_n,x_{n+1}=\sqrt{x_ny_n}\geqslant\sqrt{x_nx_n}=x_n.$$

从而当 $n>2$ 时，有

$$x_2\leqslant\cdots\leqslant x_n\leqslant y_n\leqslant\cdots\leqslant y_2.$$

故数列 $\{x_n\}$ 单调递增有上界，数列 $\{y_n\}$ 单调递减有下界，由单调有界原理知 $\{x_n\}$ 和 $\{y_n\}$ 均收敛. 设 $\lim\limits_{n\to\infty}x_n=\alpha$，$\lim\limits_{n\to\infty}y_n=\beta$. 在 $y_{n+1}=\dfrac{x_n+y_n}{2}$ 两边取极限，得 $\beta=\dfrac{\alpha+\beta}{2}$，故 $\alpha=\beta$，即 $\lim\limits_{n\to\infty}x_n=\lim\limits_{n\to\infty}y_n$.

4. **证** 记 $y_n=|x_2-x_1|+|x_3-x_2|+\cdots+|x_n-x_{n-1}|\ (n=2,3,\cdots)$，则由题设条件知数列 $\{y_n\}$ 单调增加且有界，由单调有界原理知数列 $\{y_n\}$ 收敛. 故由柯西收敛准则知，$\forall\varepsilon>0$，$\exists N\in\mathbf{N}_+$，当 $m>n>N$ 时，有 $|y_m-y_n|<\varepsilon$，即

$$|x_m-x_{m-1}|+|x_{m-1}-x_{m-2}|+\cdots+|x_{n+1}-x_n|<\varepsilon,$$

于是对数列 $\{x_n\}$，当 $m>n>N$ 时，有

$$\begin{aligned}|x_m-x_n|&=|x_m-x_{m-1}+x_{m-1}-x_{m-2}+\cdots+x_{n+1}-x_n|\\&\leqslant|x_m-x_{m-1}|+|x_{m-1}-x_{m-2}|+\cdots+|x_{n+1}-x_n|<\varepsilon,\end{aligned}$$

由柯西准则知，数列 $\{x_n\}$ 收敛.

5. **证** 设 $\lim\limits_{n\to\infty}x_n=a$，则 $\forall\varepsilon>0$，$\exists N_1\in\mathbf{N}_+$，当 $n>N_1$ 时，有 $|x_n-a|<\dfrac{\varepsilon}{2}$. 从而当 $n>N_1$ 时有

$$\begin{aligned}\left|\frac{x_1+x_2+\cdots+x_n}{n}-a\right|&=\left|\frac{x_1-a+x_2-a+\cdots+x_n-a}{n}\right|\\&<\frac{|x_1-a+\cdots+x_{N_1}-a|}{n}+\frac{|x_{N_1+1}-a|+\cdots+|x_n-a|}{n}\\&<\frac{M}{n}+\frac{n-N_1}{n}\cdot\frac{\varepsilon}{2}<\frac{M}{n}+\frac{\varepsilon}{2},\end{aligned}$$

其中 $M=|x_1-a+\cdots+x_{N_1}-a|$.

由 $\lim\limits_{n\to\infty}\dfrac{M}{n}=0$，对上述 $\varepsilon>0$，$\exists N_2\in\mathbf{N}_+$，当 $n>N_2$ 时，有 $\dfrac{M}{n}<\dfrac{\varepsilon}{2}$. 取 $N=\max\{N_1,N_2\}$，则当 $n>N$ 时有

$$\left|\frac{x_1+x_2+\cdots+x_n}{n}-a\right|<\frac{M}{n}+\frac{\varepsilon}{2}<\varepsilon.$$

故 $\lim\limits_{n\to\infty}\dfrac{x_1+x_2+\cdots+x_n}{n}=\lim\limits_{n\to\infty}x_n=a$.

6. **证** (1) 设 $a>1$. 令 $b_n=a^{\frac{1}{n}}-1$，则 $b_n>0$，且 $\dfrac{\ln a}{n}=\ln(1+b_n)$，故

$$n(a^{\frac{1}{n}}-1)=\frac{\ln a}{\ln(1+b_n)}b_n.$$

由于$\lim\limits_{n\to\infty} b_n=0$，故 $\exists N\in \mathbf{N}_+$，当$n>N$时，有$0<b_n<1$. 于是，对 $\forall n>N$，存在唯一正整数k_n，使$\frac{1}{k_n+1}\leqslant b_n<\frac{1}{k_n}$. 由于$\lim\limits_{n\to\infty} b_n=0(n\to\infty)$，故$\lim\limits_{n\to\infty} k_n=+\infty$. 因此

$$\frac{1}{k_n+2}<\ln\left(1+\frac{1}{k_n+1}\right)\leqslant \ln(1+b_n)<\ln\left(1+\frac{1}{k_n}\right)<\frac{1}{k_n}.$$

从而

$$1-\frac{1}{k_n+1}=\frac{k_n}{k_n+1}<\frac{b_n}{\ln(1+b_n)}<\frac{k_n+2}{k_n}=1+\frac{2}{k_n}.$$

由于$\lim\limits_{n\to\infty} k_n=+\infty$，故$\lim\limits_{n\to\infty}\frac{b_n}{\ln(1+b_n)}=1$，由此得

$$\lim_{n\to\infty} n(a^{\frac{1}{n}}-1)=\lim_{n\to\infty}\frac{\ln a}{\ln(1+b_n)}b_n=\ln a.$$

(2) 设$0<a<1$. 则$\frac{1}{a}>1$. 于是，由上述结果可知

$$\lim_{n\to\infty} n(a^{\frac{1}{n}}-1)=\lim_{n\to\infty}\left\{(-a^{\frac{1}{n}})\cdot n\left[\left(\frac{1}{a}\right)^{\frac{1}{n}}-1\right]\right\}=-\ln\frac{1}{a}=\ln a.$$

(3) 当$a=1$时，$\lim\limits_{n\to\infty} n(a^{\frac{1}{n}}-1)=\ln a$显然成立.

故此式对任何$a>0$均成立.

第三章　函数极限　巩固练习 A 卷

一、填空题

1. $\forall \varepsilon>0$，$\exists \delta>0$，当$0<|x-a|<\delta$时，有$|f(x)-A|<\varepsilon$

2. $1,\frac{1}{2}$　3. $\frac{2}{3}$　4. $5,-5$　5. $3,e^2$

二、解答题

1. 解　当$x\to 0$时，有 $\sin x\sim x$，$1-\cos x\sim\frac{x^2}{2}$，$\sin x^3\sim x^3$.

故$\lim\limits_{x\to 0}\frac{\tan x-\sin x}{\sin x^3}=\lim\limits_{x\to 0}\frac{\sin x(1-\cos x)}{\cos x}=\lim\limits_{x\to 0}\frac{1}{\cos x}\cdot\frac{x\cdot\frac{x^2}{2}}{x^3}=\frac{1}{2}$.

2. 解　因为 $\forall x\in \mathbf{R}\backslash\{0\}$，有$\frac{1}{x}-1<\left[\frac{1}{x}\right]\leqslant\frac{1}{x}$，从而

当$x>0$时，有$1-x<x\left[\frac{1}{x}\right]\leqslant 1$；当$x<0$时，有$1\leqslant x\left[\frac{1}{x}\right]<1-x$.

于是由$\lim\limits_{x\to 0}(1-x)=1$及函数极限的迫敛性有$\lim\limits_{x\to 0}x\left[\frac{1}{x}\right]=1$.

3. 解　因为$|x|<1$，所以

$$\lim_{n\to\infty}(1+x)(1+x^2)(1+x^4)\cdots(1+x^{2^n})$$

$$= \lim_{n\to\infty} \frac{(1-x)(1+x)(1+x^2)(1+x^4)\cdots(1+x^{2^n})}{1-x}$$

$$= \lim_{n\to\infty} \frac{1-x^{2^{n+1}}}{1-x} = \frac{1}{1-x}.$$

4. 解 由 $\lim\limits_{x\to\infty}\left(\frac{x^2+1}{x+1}-ax-b\right)=0$，得 $\lim\limits_{x\to\infty}\left(\frac{x^2+1}{x+1}-ax\right)=b$，从而

$$0 = \lim_{x\to\infty}\frac{b}{x} = \lim_{x\to\infty}\left[\frac{x^2+1}{x(x+1)}-a\right],$$

故 $a=\lim\limits_{x\to\infty}\frac{x^2+1}{x(x+1)}=\lim\limits_{x\to\infty}\frac{1+x^{-2}}{1+x^{-1}}=1$，$b=\lim\limits_{x\to\infty}\left(\frac{x^2+1}{x+1}-x\right)=\lim\limits_{x\to\infty}\frac{1-x}{x+1}=-1$.

三、证明题

1. 证 $\forall\varepsilon>0$，由于当 $0<|x-1|<\frac{1}{8}$ 时，有

$$\left|\sqrt{\frac{7}{16x^2-9}}-1\right| = \left|\frac{\frac{7}{16x^2-9}-1}{\sqrt{\frac{7}{16x^2-9}}+1}\right| \leqslant \left|\frac{7}{16x^2-9}-1\right|$$

$$= \frac{16|1+x||1-x|}{|16x^2-9|} < 16|x-1|.$$

取 $\delta=\min\left\{\frac{\varepsilon}{16},\frac{1}{8}\right\}$，则当 $0<|x-1|<\delta$ 时，有 $\left|\sqrt{\frac{7}{16x^2-9}}-1\right|<\varepsilon$，故

$$\lim_{x\to1}\sqrt{\frac{7}{16x^2-9}}=1.$$

2. 证 由 $\lim\limits_{x\to+\infty}f(x)=A$ 知，对 $\forall\varepsilon>0$，$\exists X>0$，当 $x>X$ 时，有 $A-\varepsilon<f(x)<A+\varepsilon$. $\forall x\in(0,+\infty)$，由于 $\lim\limits_{n\to\infty}2^n x=+\infty$，所以 $\exists N$，使得 $2^N x>X$. 由 $f(2x)=f(x)$ 得，$f(x)=f(2x)=\cdots=f(2^N x)$. 因为 $2^N x>X$，所以 $A-\varepsilon<f(x)<A+\varepsilon$；即 $\forall x\in(0,+\infty)$，有 $|f(x)-A|<\varepsilon$. 再由 ε 的任意性知，$f(x)=A$；由 $x\in(0,+\infty)$ 的任意性知 $f(x)\equiv A$.

3. 证 取 $\{x'_n\}$ 为有理点列，且 $\lim\limits_{n\to\infty}x'_n=x_0$；取 $\{x''_n\}$ 为无理点列，且 $\lim\limits_{n\to\infty}x''_n=x_0$，则

$$\lim_{n\to\infty}f(x'_n)=\lim_{n\to\infty}x'^2_n=x_0^2\neq0,\quad \lim_{n\to\infty}f(x''_n)=\lim_{n\to\infty}0=0.$$

从而由归结原则可知 $\lim\limits_{x\to x_0}f(x)$ 不存在.

4. 证 当 $x_0>0$ 时，取 $\varepsilon_0=x_0$，$\forall\delta>0$，取 $x',x''\in U_+^\circ(x_0,\delta)$，$x'$ 为有理数，x'' 为无理数，此时

$$|f(x')-f(x'')|=|x'-(-x'')|=x'+x''>2x_0>\varepsilon_0.$$

当 $x_0<0$ 时，取 $\varepsilon_0=|x_0|$，$\forall\delta>0$，取 $x',x''\in U_-^\circ(x_0,\delta)$，$x'$ 为有理数，x'' 为无理数，此时

$$|f(x')-f(x'')|=|x'-(-x'')|=|x'+x''|=-x'-x''>2|x_0|>\varepsilon_0.$$

由此知 $\lim\limits_{x\to x_0}f(x)$ 不存在.

因为 $|f(x)|\leqslant|x|\to0\ (x\to0)$，所以 $\lim\limits_{x\to0}f(x)=0$.

5. 证　必要性：若 $\lim\limits_{x\to x_0^-} f(x)$ 存在，则由函数极限的局部有界性，$\exists\delta_0>0$，使得 $f(x)$ 在 $U_-^\circ(x_0;\delta_0)$ 内有界. 又在$[a,x_0-\delta_0]$（不妨设 $a<x_0-\delta_0$）上 $f(x)$ 单调，故对 $\forall x\in[a,x_0-\delta_0]$，$|f(x)|\leqslant\max\{|f(a)|,|f(x_0-\delta_0)|\}$ 即 $f(x)$ 在$[a,x_0-\delta_0]$内有界. 由此知 $f(x)$ 在$[a,x_0)$上有界.

充分性：若函数 f 在$[a,x_0)$上有界，因为 $f(x)$ 在$[a,x_0)$上单调，由函数极限的单调有界定理知，$\lim\limits_{x\to x_0^-} f(x)$ 存在.

第三章　函数极限　优化提高B卷

一、填空题

1. $\left(\dfrac{3}{2}\right)^{1\,004}$　2. 10　3. $-\dfrac{1}{2}$　4. $\sin 2a, e^2$　5. 0，1

二、解答题

1. 解　令 $f(x)=\dfrac{x^2+x-2}{x(x^2-3x+2)}$. $\forall\varepsilon>0$，由于当 $0<|x-1|<\dfrac{1}{2}$ 时，有

$$|f(x)+3|=\left|\frac{x^2+x-2}{x(x^2-3x+2)}+3\right|=\left|\frac{x+2}{x(x-2)}+3\right|$$
$$=\left|\frac{3x^2-5x+2}{x(x-2)}\right|=\frac{|3x-2|}{|x^2-2x|}\cdot|x-1|<\frac{10}{3}|x-1|,$$

其中 $|3x-2|\leqslant 3|x-1|+1<\dfrac{5}{2}$，$|x^2-2x|=|1-(x-1)^2|>\dfrac{3}{4}$.

取 $\delta=\min\left\{\dfrac{1}{2},\dfrac{3}{10}\varepsilon\right\}$，则当 $0<|x-1|<\delta$ 时，有 $|f(x)-(-3)|<\varepsilon$，故

$$\lim_{x\to1}\frac{x^2+x-2}{x(x^2-3x+2)}=-3.$$

2. 解　当 $x=0$ 时，原式显然为1.

当 $x\neq0$ 时，因为

$$\sin x=2\cos\frac{x}{2}\sin\frac{x}{2}=2^2\cos\frac{x}{2}\cos\frac{x}{4}\sin\frac{x}{4}=\cdots=2^n\cos\frac{x}{2}\cos\frac{x}{4}\cdots\cos\frac{x}{2^n}\sin\frac{x}{2^n},$$

所以

$$\lim_{n\to\infty}\cos\frac{x}{2}\cdot\cos\frac{x}{4}\cdots\cos\frac{x}{2^n}=\lim_{n\to\infty}\left(\frac{\sin x}{2^n}\cdot\frac{1}{\sin\frac{x}{2^n}}\right)=\lim_{n\to\infty}\left(\frac{\frac{x}{2^n}}{\sin\frac{x}{2^n}}\cdot\frac{\sin x}{x}\right)=\frac{\sin x}{x}.$$

3. 解　因为 $\sqrt{1+x^2}-1\sim\dfrac{1}{2}x^2$，$1-\cos x\sim\dfrac{1}{2}x^2\,(x\to0)$，故由等价无穷小代换可得

$$\lim_{x\to0}\frac{\sqrt{1+x^2}-1}{1-\cos x}=\lim_{x\to0}\frac{\frac{1}{2}x^2}{\frac{1}{2}x^2}=1.$$

4. **解** $a=\lim\limits_{x\to-\infty}\dfrac{\sqrt{x^2-x+1}}{x}=-\lim\limits_{x\to-\infty}\sqrt{1-\dfrac{1}{x}+\dfrac{1}{x^2}}=-1$,

$$b=\lim_{x\to-\infty}(\sqrt{x^2-x+1}+x)\xlongequal{t=-x}\lim_{t\to+\infty}(\sqrt{t^2+t+1}-t)$$

$$=\lim_{t\to+\infty}\frac{t+1}{\sqrt{t^2+t+1}+t}=\lim_{t\to+\infty}\frac{1+\frac{1}{t}}{\sqrt{1+\frac{1}{t}+\frac{1}{t^2}}+1}=\frac{1}{2}.$$

5. **解** $\dfrac{x^x-a^a}{x-a}=a^a\cdot\dfrac{e^{x\ln x-a\ln a}-1}{x\ln x-a\ln a}\cdot\dfrac{x\ln x-a\ln a}{x-a}$.

$$\lim_{x\to a}\frac{x\ln x-a\ln a}{x-a}=\lim_{x\to a}\left(\frac{x\ln x-x\ln a}{x-a}+\ln a\right)$$

$$=\lim_{x\to a}\left[\frac{x}{a}\cdot\frac{\ln\left(1+\frac{x-a}{a}\right)}{\frac{x-a}{a}}+\ln a\right]=1+\ln a=\ln ae.$$

又$\lim\limits_{x\to a}\dfrac{e^{x\ln x-a\ln a}-1}{x\ln x-a\ln a}=1$,所以$\lim\limits_{x\to a}\dfrac{x^x-a^a}{x-a}=a^a\ln ae$.

6. **解** 如果存在某$U^{\circ}(a)$,使得在$U^{\circ}(a)$上$f(x)\neq A$,则由题设条件能推出$\lim\limits_{x\to a}g[f(x)]=B$.

证明如下:

由$\lim\limits_{u\to A}g(u)=B$知,对$\forall\varepsilon>0$,$\exists\eta>0$,当$0<|u-A|<\eta$时,有$|g(u)-B|<\varepsilon$.

又由$\lim\limits_{x\to a}f(x)=A$,对上述$\eta>0$,$\exists\delta>0$,当$0<|x-a|<\delta$时,有$|f(x)-A|<\eta$.

由于$f(x)\neq A(x\in U^{\circ}(a))$,所以当$0<|x-a|<\delta$时,有$0<|f(x)-A|<\eta$,故$|g[f(x)]-B|<\varepsilon$,即$\lim\limits_{x\to a}g[f(x)]=B$.

三、证明题

1. **证** $\lim\limits_{x\to+\infty}f(x)=+\infty\Leftrightarrow\forall\{x_n\}$且$\lim\limits_{n\to\infty}x_n=+\infty$,有$\lim\limits_{n\to\infty}f(x_n)=+\infty$.

必要性:$\forall G>0$,由$\lim\limits_{x\to+\infty}f(x)=+\infty$知,$\exists X>0$,当$x>X$时,有$f(x)>G$.

又由$\forall\{x_n\}$,$\lim\limits_{n\to\infty}x_n=+\infty$,故上述$X>0$,$\exists N$,当$n>N$时,有$x_n>X$.

故当$n>N$时,有$f(x_n)>G$,即$\lim\limits_{n\to\infty}f(x_n)=+\infty$.

充分性:(反证法)若$\lim\limits_{x\to+\infty}f(x)\neq+\infty$,则$\exists G_0>0$,$\forall X>0$,$\exists x^*>X$,使得$f(x^*)\leqslant G_0$.

特别地,对于$X=1$,$\exists x_1>1$,使$f(x_1)\leqslant G_0$,

对于$X=2$,$\exists x_2>2$,使$f(x_2)\leqslant G_0$,

…………

对于$X=n$,$\exists x_n>n$,使$f(x_n)\leqslant G_0$.

如此继续下去,可得数列$\{x_n\}$且$\lim\limits_{n\to\infty}x_n=+\infty$,但$\lim\limits_{n\to\infty}f(x_n)\neq+\infty$,矛盾.

故$\lim\limits_{x\to+\infty}f(x)=+\infty$.

2. **证** 先证$f(x)$在$U_{-}^{\circ}(x_0)$内有界.

由$\lim\limits_{n\to\infty}f(x_n)=A$知,对$\varepsilon_0=1$,$\exists N_1$,当$n>N_1$时,有$|f(x_n)-A|<1$,故此时有

$$f(x_n) < |A| + 1.$$

设 $\xi \in U_-^\circ(x_0)$，则 $\xi < x_0$. 由 $\lim\limits_{n\to\infty} x_n = x_0$，得 $\lim\limits_{n\to\infty}(x_n - \xi) = x_0 - \xi > 0$.

由极限的保号性知，$\exists N_2$，当 $n > N_2$ 时，有 $x_n - \xi > 0$. 由 $f(x)$ 的单调递增性知，此时有 $f(\xi) \leqslant f(x_n)$. 取 $N = \max\{N_1, N_2\}$，则当 $n > N$ 时，有 $f(\xi) \leqslant f(x_n) \leqslant |A| + 1$. 故 $f(x)$ 在 $U_-^\circ(x_0)$ 内有上界.

由确界原理知，$f(x)$ 有上确界. 令 $\beta = \sup\limits_{x\in U_-^\circ(x_0)} f(x)$，则 $\forall \varepsilon > 0$，$\exists x' \in U_-^\circ(x_0)$，使得 $f(x') > \beta - \varepsilon$. 故当 $x \in U_-^\circ(x_0; x_0 - x')$ 时，有

$$\beta - \varepsilon < f(x') \leqslant f(x) \leqslant \beta < \beta + \varepsilon.$$

故 $\lim\limits_{x\to x_0^-} f(x) = f(x_0 - 0) = \beta$. 由归结原则得 $\lim\limits_{n\to\infty} f(x_n) = \beta$，故 $\beta = A$，即

$$f(x_0 - 0) = \sup_{x\in U_-^\circ(x_0)} f(x) = A.$$

3. 证　(1) 设 f 为 $[a, +\infty)$ 上的增函数.

充分性：因为 f 在 $[a, +\infty)$ 上有上界，由确界原理知，f 在 $[a, +\infty)$ 上有上确界.

设 $A = \sup\limits_{x\in[a,+\infty)} f(x)$，则 $\forall x \in [a, +\infty)$，有 $f(x) \leqslant A$，且 $\forall \varepsilon > 0$，$\exists X \in [a, +\infty)$，使得 $f(X) > A - \varepsilon$. 由 f 是单调递增函数可知，当 $x > X$ 时，有

$$A - \varepsilon < f(X) \leqslant f(x) \leqslant A < A + \varepsilon,$$

即 $|f(x) - A| < \varepsilon$，故 $\lim\limits_{x\to+\infty} f(x) = A$.

必要性：若 $\lim\limits_{x\to+\infty} f(x)$ 存在（不妨记为 A），对 $\varepsilon_0 = 1$，$\exists X > a$，当 $x > X$ 时，$|f(x) - A| < 1$，即 $A - 1 < f(x) < A + 1$，而在 $[a, X)$ 上，$f(x)$ 为单调递增函数，即 $f(x) < f(X)$，令 $M = \max\{A+1, f(X)\}$，则 $\forall x \in [a, +\infty)$，有 $f(x) \leqslant M$，即 $f(x)$ 在 $[a, +\infty)$ 上有上界.

(2) 当 f 为单调递减函数时，同理可证.

第四章　函数的连续性　巩固练习 A 卷

一、填空题

1. $\forall \varepsilon > 0$，$\exists \delta = \delta(\varepsilon) > 0$，当 $|x - a| < \delta$ 时，有 $|f(x) - f(a)| < \varepsilon$

2. 4　3. $x_1 = 1, x_2 = 2$，二　4. 6　5. $\sqrt{\dfrac{2}{3}}$

二、解答题

1. 解　$\forall \varepsilon > 0$，当 $|x - 2| < \dfrac{1}{2}$ 时，有

$$|f(x) - f(2)| = \left|\frac{x+3}{x^2-1} - \frac{5}{3}\right| = \frac{|5x+7||x-2|}{3|x^2-1|} < \frac{20}{3}|x-2|.$$

取 $\delta = \min\left\{\dfrac{1}{2}, \dfrac{3}{20}\varepsilon\right\}$，则当 $|x - 2| < \delta$ 时，有 $|f(x) - f(2)| < \varepsilon$. 故 $f(x)$ 在 $x = 2$ 处连续.

2. 解　由初等函数的连续性知 $f(x)$ 在 $x \neq 0, 1$ 时连续.

因为$\lim\limits_{x\to1}f(x)=\lim\limits_{x\to1}\dfrac{x^2-1}{x(x-1)}=\lim\limits_{x\to1}\dfrac{x+1}{x}=2$，所以$x=1$是$f(x)$的第一类间断点且为可去间断点。又因为$\lim\limits_{x\to0}f(x)=\lim\limits_{x\to0}\dfrac{x+1}{x}=\infty$，所以$x=0$是$f(x)$的第二类间断点。

3. **解** 复合函数为$f[g(x)]=\begin{cases}1, & \sin x\geqslant0,\\ -1, & \sin x<0,\end{cases}$因为$\sin x$的定义域为$(-\infty,+\infty)$，所以$f[g(x)]$的定义域为$(-\infty,+\infty)$。又因为当$2n\pi\leqslant x\leqslant(2n+1)\pi$时，$\sin x\geqslant0$，$f[g(x)]=1$；当$(2n+1)\pi<x<(2n+2)\pi$时，$\sin x<0$，$f[g(x)]=-1(n=0,\pm1,\cdots)$。

可以看出在$x=n\pi$ $(n=0,\pm1,\cdots)$时函数的左右极限都存在但不相等，所以$x=n\pi$ $(n=0,\pm1,\cdots)$为其第一类间断点且为跳跃间断点；除去这些点，$f[g(x)]$处处连续。

三、证明题

1. **证** 若$f(a)=a$或者$f(b)=b$，则结论成立。

下面假设$f(a)>a$且$f(b)<b$，作辅助函数$F(x)=f(x)-x$，则$F(x)$在$[a,b]$上连续，且$F(a)>0$，$F(b)<0$，由根的存在性定理知，$\exists x_0\in(a,b)$，使得$F(x_0)=0$。于是$f(x_0)=x_0$，$x_0\in(a,b)$。

综上所述，$f(x_0)=x_0$，$x_0\in[a,b]$成立。

2. **证** 不妨设$A=\lim\limits_{x\to+\infty}f(x)$，对于$\varepsilon=1$，则$\exists X>a$。

当$x>X$时，有$|f(x)|<|A|+1$，又因$f(x)$在$[a,X]$上连续，因而有界，故$\exists M_1>0$。当$x\in[a,X]$时，有$|f(x)|<M_1$，取$M=\max\{|A|+1,M_1\}$，则当$x\in[a,+\infty)$时，恒有$|f(x)|<M$，即$f(x)$在区间$[a,+\infty)$上有界。

3. **证** 不妨设$a<x_1\leqslant x_2\leqslant\cdots\leqslant x_n<b$，若$x_1=x_n$，结论显然成立。下设$x_1\neq x_n$。

由于$f(x)$在$[x_1,x_n]$上连续，故$f(x)$在$[x_1,x_n]$上取得最大值M和最小值m，于是

$$m\leqslant f(x)\leqslant M,x\in[x_1,x_n],$$

从而有

$$m\leqslant\frac{f(x_1)+f(x_2)+\cdots+f(x_n)}{n}\leqslant M.$$

由闭区间上连续函数的性质知，$\exists\xi\in[x_1,x_n]\subset(a,b)$，使

$$f(\xi)=\frac{f(x_1)+f(x_2)+\cdots+f(x_n)}{n}.$$

4. **证** **方法一** 连续性是显然的，下证其不一致连续。

取$\varepsilon_0=1$，$\forall\delta>0$(不妨设$\delta<1$)，取$x_1=\delta$，$x_2=\dfrac{\delta}{2}$，则$x_1,x_2\in(0,1)$，且

$$|x_1-x_2|=\frac{\delta}{2}<\delta,$$

但有$|f(x_1)-f(x_2)|=\dfrac{1}{\delta}>1=\varepsilon_0$。因而$f(x)=\dfrac{1}{x}$在$(0,1)$内非一致连续。

方法二 取$x_n=\dfrac{1}{n}$，$y_n=\dfrac{1}{n+1}$，$n\in\mathbf{N}_+$，则$\{x_n\}$，$\{y_n\}\subset(0,1)$，且

$$\lim_{n\to\infty}|x_n-y_n|=\lim_{n\to\infty}\left(\frac{1}{n}-\frac{1}{n+1}\right)=\lim_{n\to\infty}\frac{1}{n(n+1)}=0,$$

但有$\lim\limits_{n\to\infty}|f(x_n)-f(y_n)|=1\neq 0$.因而$f(x)=\dfrac{1}{x}$在$(0,1)$内非一致连续.

5. 证　$\forall\varepsilon>0$,由于$\lim\limits_{x\to+\infty}f(x)$存在,故必存在$X>a$,使当$x'>X,x''>X$时,恒有

$$|f(x')-f(x'')|<\varepsilon.$$

由于函数$f(x)$在$[a,X+1]$上连续,故一致连续,从而$\exists\delta_1>0$,当$x'\in[a,X+1],x''\in[a,X+1]$,且$|x'-x''|<\delta_1$时,有$|f(x')-f(x'')|<\varepsilon$.

取$\delta=\min\{\delta_1,1\}$,$\forall x',x''\in[a,+\infty)$,$|x'-x''|<\delta$,则$x'$与$x''$或同时属于$[a,X+1]$,或同时满足$x'>X,x''>X$,因此,恒有$|f(x')-f(x'')|<\varepsilon$,故$f(x)$在$[a,+\infty)$上一致连续.

6. 证　(1) 由$a_{n+1}=f(a_n)\leqslant a_n$知,数列$\{a_n\}$为单调递减数列.由$a_1\geqslant 0,a_{n+1}=f(a_n)\geqslant 0$知,数列$\{a_n\}$有界.根据单调有界定理,$\{a_n\}$为收敛数列.

(2) 设$\lim\limits_{n\to\infty}a_n=t$,由于$f$在$[0,+\infty)$上连续,在$a_{n+1}=f(a_n)$两边取极限,得

$$\lim_{n\to\infty}a_{n+1}=\lim_{n\to\infty}f(a_n)=f(\lim_{n\to\infty}a_n),$$

因此$f(t)=t$.

(3) 此时(1)(2)的结论仍成立.因为当$x\in(0,+\infty)$时,$f(x)<x$.所以由$f(t)=t$可推出$t=0$.

第四章　函数的连续性　优化提高B卷

一、判断题

1. ×　2. √　3. √　4. √　5. ×

二、解答题

1. 解　由$f(x)$在$[a,b]$上连续知,$f(x)$在$[a,b]$上有最小值$m>0$.对$\forall x_0\in(a,b)$,由$f(x)$在x_0处连续知,$\forall\varepsilon>0,\exists\delta>0$,当$|x-x_0|<\delta$时,有$|f(x)-f(x_0)|<m^2\varepsilon$.所以当$|x-x_0|<\delta$时,有

$$\left|\frac{1}{f(x)}-\frac{1}{f(x_0)}\right|=\frac{|f(x)-f(x_0)|}{f(x)f(x_0)}\leqslant\frac{1}{m^2}|f(x)-f(x_0)|<\varepsilon.$$

故$\dfrac{1}{f(x)}$在点x_0处连续.当$x_0=a$(或$x_0=b$)时,只需将上面的$|x-x_0|<\delta$改为$a<x_0<a+\delta$(或$b-\delta<x_0<b$)即可.综上可知,$f(x)$在$[a,b]$上连续.

2. 解　当$x=0$时,$f(x)=\lim\limits_{t\to+\infty}\dfrac{\ln 2}{\ln(1+e^t)}=0$;

当$x<0$时,因为$\lim\limits_{t\to+\infty}e^{xt}=0$,则$f(x)=\lim\limits_{t\to+\infty}\dfrac{\ln(1+e^{xt})}{\ln(1+e^t)}=0$;

当 $x>0$ 时，$f(x)=\lim\limits_{t\to+\infty}\dfrac{\ln(1+e^{xt})}{\ln(1+e^{t})}=\lim\limits_{t\to+\infty}\dfrac{\ln\left[e^{xt}\left(1+\dfrac{1}{e^{xt}}\right)\right]}{\ln\left[e^{t}\left(1+\dfrac{1}{e^{t}}\right)\right]}=\lim\limits_{t\to+\infty}\dfrac{xt+\ln\left(1+\dfrac{1}{e^{xt}}\right)}{t+\ln\left(1+\dfrac{1}{e^{t}}\right)}=x.$

所以 $f(x)=\begin{cases}0, & x\leqslant 0,\\ x, & x>0\end{cases}$ 在 $\mathbf{R}$ 上连续.

3. 解　(1)$\alpha>0$ 时，因 $\left|x^{\alpha}\sin\dfrac{1}{x^{\beta}}\right|\leqslant|x^{\alpha}|$，故 $\lim\limits_{x\to0}f(x)=0=f(0)$，故 $f(x)$ 在 $x=0$ 处连续.

(2)$\beta<0$ 时，因 $x^{\alpha}\sin\dfrac{1}{x^{\beta}}\sim x^{\alpha-\beta}$ $(x\to0)$，所以当 $\alpha-\beta>0$ 时，$f(x)$ 在 $x=0$ 处连续；当 $\alpha-\beta\leqslant0$ 时，$f(x)$ 在 $x=0$ 处间断.

(3)$\alpha=0,\beta=0$ 时，$f(x)=\sin1\neq0(x\neq0)$. 当 $\alpha=0,\beta>0$ 时，$f(x)=\sin\dfrac{1}{x^{\beta}}$，$\lim\limits_{x\to0}\sin\dfrac{1}{x^{\beta}}$ 不存在. 此时，$f(x)$ 在 $x=0$ 处间断.

(4)$\alpha<0,\beta\geqslant0$ 时，$\lim\limits_{x\to0}x^{\alpha}\sin\dfrac{1}{x^{\beta}}$ 不存在，故 $f(x)$ 在 $x=0$ 处间断.

综上所述，当 $\alpha>0$ 或 $\beta<0$ 且 $\alpha-\beta>0$ 时，$f(x)$ 在 $x=0$ 处连续；其他情况下，$f(x)$ 在 $x=0$ 处间断.

4. 解　(1)$\varepsilon>0$，由于 $\forall x_1,x_2\in(-l,l)$，有

$$|f(x_1)-f(x_2)|\leqslant 2l|x_1-x_2|.$$

取 $\delta=\dfrac{\varepsilon}{2l}$，则 $\forall x_1,x_2\in(-l,l)$，只要 $|x_1-x_2|<\delta$，就有 $|f(x_1)-f(x_2)|<\varepsilon$，故 $f(x)$ 在 $(-l,l)$ 内一致连续.

(2) 取 $\varepsilon_0=1$，$\forall\delta>0$，取 n 足够大，使 $\dfrac{1}{n}<\delta$，取 $x_1=n+\dfrac{1}{n}$，$x_2=n$，则 $|x_1-x_2|=\dfrac{1}{n}<\delta$，但有

$$|f(x_1)-f(x_2)|=2+\left(\frac{1}{n}\right)^2>\varepsilon_0.$$

故 $f(x)$ 在 $(-\infty,+\infty)$ 内非一致连续.

三、证明题

1. 证　令 $F(x)=\begin{cases}f(x), & x\in(a,b),\\ f(a+0), & x=a,\\ f(b-0), & x=b.\end{cases}$

(1) 因为 f 在 (a,b) 内连续，所以 $F(x)$ 在 $[a,b]$ 上连续，从而 $F(x)$ 在 $[a,b]$ 上有界，从而 $F(x)$ 在 (a,b) 内亦有界，即 f 在 (a,b) 内有界.

(2) 因为 $F(x)$ 在 $[a,b]$ 上连续，所以 $F(x)$ 在 $[a,b]$ 上能取到最大值.
又因为 $\exists\xi\in(a,b)$，使 $f(\xi)\geqslant\max\{f(a+0),f(b-0)\}$，即 $F(\xi)\geqslant\max\{f(a+0),f(b-0)\}$.
所以 $F(x)$ 在 $[a,b]$ 上的最大值可以在 (a,b) 内取得，即 $f(x)$ 在 (a,b) 内能取到最大值.

(3) 由(1) 知 $F(x)$ 在 $[a,b]$ 上连续，所以 $F(x)$ 在 $[a,b]$ 上一致连续，从而在 (a,b) 内一致连

续，即 $f(x)$ 在 (a,b) 内一致连续.

2. **证** 必要性：设 f 在 (a,b) 内一致连续，则 $\forall\varepsilon>0$，$\exists\delta>0$，当 $x',x''\in(a,b)$ 且 $|x'-x''|<\delta$ 时，有 $|f(x')-f(x'')|<\varepsilon$. 特别当 $x',x''\in(a,a+\delta)$ 时，有 $|x'-x''|<\delta$，从而也有 $|f(x')-f(x'')|<\varepsilon$，由函数极限的柯西准则知 $f(a+0)$ 存在且为有限值；同理可证 $f(b-0)$ 存在且为有限值.

充分性：设 f 在 (a,b) 内连续，$f(a+0)$，$f(b-0)$ 存在且为有限值，补充定义：

$$f(a)=f(a+0),\quad f(b)=f(b-0),$$

则 f 在 $[a,b]$ 上连续，从而一致连续. 因此 f 在 (a,b) 内一致连续.

3. **证** 不妨设 $f(x)$ 为 I 内的单调递增函数. $x_0\in I$ 若不是 I 的端点，则存在 x_0 的某邻域 $U(x_0)\subset I$，使得 $f(x)$ 在 $U_-(x_0)$ 上单调递增且以 $f(x_0)$ 为上界，$f(x)$ 在 $U_+(x_0)$ 内单调递增且以 $f(x_0)$ 为下界，由函数极限的单调有界定理知 $\lim\limits_{x\to x_0^+}f(x)$ 与 $\lim\limits_{x\to x_0^-}f(x)$ 都存在. 故若 x_0 为 f 的间断点，则 x_0 必是 f 的第一类间断点.

当 x_0 为 I 的左（右）端点时，由单调有界定理知 $f(x)$ 在 x_0 的右（左）极限存在，故若 x_0 为间断点，则必为第一类间断点.

4. **证** 当 $n=1$ 时，取 $\xi=0$，则有 $f(\xi)=f(0)=f(1)=f\left(\xi+\dfrac{1}{n}\right)$，命题得证.

当 $n>1$ 时，令 $F(x)=f\left(x+\dfrac{1}{n}\right)-f(x)$，则有

$$\begin{aligned}&F(0)+F\left(\frac{1}{n}\right)+\cdots+F\left(\frac{n-1}{n}\right)\\=&\left[f\left(\frac{1}{n}\right)-f(0)\right]+\left[f\left(\frac{2}{n}\right)-f\left(\frac{1}{n}\right)\right]+\cdots+\left[f(1)-f\left(\frac{n-1}{n}\right)\right]\\=&-f(0)+f(1)=0.\end{aligned}$$

若 $F(0),F\left(\dfrac{1}{n}\right),\cdots,F\left(\dfrac{n-1}{n}\right)$ 中有一个为 0，设 $F\left(\dfrac{k}{n}\right)=0$，则令 $\xi=\dfrac{k}{n}$，有 $f\left(\xi+\dfrac{1}{n}\right)=f(\xi)$，命题得证.

若 $F(0),F\left(\dfrac{1}{n}\right),\cdots,F\left(\dfrac{n-1}{n}\right)$ 全不为 0，则必存在两点 $x_1=\dfrac{i}{n}$，$x_2=\dfrac{j}{n}$，其中 $0\leqslant i<j\leqslant n-1$，使得 $F(x_1)F(x_2)<0$. f 在 $[0,1]$ 上连续，因而 $F(x)$ 在 $[x_1,x_2]$ 上也连续. 由根的存在性定理知，存在一点 $\xi\in[x_1,x_2]$，使得

$$F(\xi)=f\left(\xi+\frac{1}{n}\right)-f(\xi)=0.$$

故对任何正整数 n，$\exists\xi\in[0,1]$，使得 $f\left(\xi+\dfrac{1}{n}\right)=f(\xi)$.

5. **证** 由于 $f(x)$ 在区间 $[a,+\infty)$ 上一致连续，所以对 $\forall\varepsilon>0$，$\exists\delta_1>0$，对 $\forall x',x''\in[a,+\infty)$，只要 $|x'-x''|<\delta_1$，就有

$$|f(x')-f(x'')|<\varepsilon.$$

另外，由于 $\lim\limits_{x\to+\infty}[f(x)-g(x)]=0$，所以对上述 $\varepsilon>0$，$\exists M>a$，使得 $x\geqslant M$ 时，有

$$|f(x)-g(x)|<\frac{\varepsilon}{3}.$$

于是对 $\forall x',x''\in[M,+\infty)$，只要 $|x'-x''|<\delta_1$，就有

$$|g(x')-g(x'')|\leqslant|g(x')-f(x')|+|f(x')-f(x'')|+|f(x'')-g(x'')|$$

$$<\frac{\varepsilon}{3}+\frac{\varepsilon}{3}+\frac{\varepsilon}{3}=\varepsilon.$$

另外，由于 $g(x)$ 在 $[a,+\infty)$ 上连续，自然在 $[a,M+1]$ 上也连续，从而一致连续，所以对上述的 $\varepsilon>0$，$\exists\delta_2>0$，使得对 $\forall x',x''\in[a,M+1]$，只要 $|x'-x''|<\delta_2$，就有

$$|g(x')-g(x'')|<\varepsilon.$$

现在取 $\delta=\min\{\delta_1,\delta_2,1\}$，则对 $\forall x',x''\in[a,+\infty)$，当 $|x'-x''|<\delta$ 时，必有 x',x'' 同时属于 $[a,M+1]$ 或者同时属于 $[M,+\infty)$，从而 $|g(x')-g(x'')|<\varepsilon$，即 $g(x)$ 在 $[a,+\infty)$ 上一致连续.

第五章　导数和微分　巩固练习A卷

一、填空题

1. $-8,0$　2. $\dfrac{2(1+x^2)}{(1-x^2)^2}$　3. $2\sin\ln x$　4. $-\dfrac{b}{a}$　5. $-\dfrac{u\mathrm{d}u+v\mathrm{d}v}{(u^2+v^2)^{\frac{3}{2}}}$

二、解答题

1. 解　$y'=(\mathrm{e}^{\cos x\ln\sin x}+\mathrm{e}^{\sin x\ln\cos x})'$

$$=(\sin x)^{\cos x}\left(-\sin x\cdot\ln\sin x+\frac{\cos^2 x}{\sin x}\right)+(\cos x)^{\sin x}\left(\cos x\cdot\ln\cos x-\frac{\sin^2 x}{\cos x}\right)$$

$$=(\sin x)^{\cos x+1}(\cot^2 x-\ln\sin x)-(\cos x)^{\sin x+1}(\tan^2 x-\ln\cos x).$$

2. 解　$f(x)=|x|=\begin{cases}x, & x\geqslant 0,\\ -x, & x<0.\end{cases}$

当 $x\neq 0$ 时，$f'_+(x)=f'_-(x)=f'(x)=\begin{cases}1, & x>0,\\ -1, & x<0.\end{cases}$

当 $x=0$ 时，

$$f'_-(0)=\lim_{x\to 0^-}\frac{f(x)-f(0)}{x}=\lim_{x\to 0^-}\frac{-x}{x}=-1,$$

$$f'_+(0)=\lim_{x\to 0^+}\frac{f(x)-f(0)}{x}=\lim_{x\to 0^+}\frac{x}{x}=1.$$

所以 $f'_-(0)=-1,f'_+(0)=1$.

3. 解　$f(x_0)=x_0^2=f(x_0-0),f(x_0+0)=ax_0+b$.

当 $x_0^2=ax_0+b$ 时，函数 $f(x)$ 在点 x_0 连续. 又因

$$f'_-(x_0)=2x_0,f'_+(x_0)=a,$$

故当 $a=2x_0$ 时，函数在点 x_0 处可微. 从而得 $x_0^2=2x_0^2+b$，即 $b=-x_0^2$.

于是，所求的系数为 $a = 2x_0$，$b = -x_0^2$.

4. 解　根据行列式的求导公式，有

$$f'(x) = \begin{vmatrix} e^x & x^2 & 2 \\ 0 & 3x & 4x^2 \\ 0 & 5 & e^{2x} \end{vmatrix} + \begin{vmatrix} e^x & 2x & 2 \\ 1 & 3 & 4x^2 \\ 0 & 0 & e^{2x} \end{vmatrix} + \begin{vmatrix} e^x & x^2 & 0 \\ 1 & 3x & 8x \\ 0 & 5 & 2e^{2x} \end{vmatrix}$$

$$= e^x(3xe^{2x} - 20x^2) + e^{2x}(3e^x - 2x) + (6xe^{3x} - 40xe^x - 2x^2e^{2x})$$

$$= 3(3x+1)e^{3x} - 2x(x+1)e^{2x} - 20x(x+2)e^x.$$

5. 解　由莱布尼茨公式，得

$$f^{(n-1)}(x) = (x-a)^n\varphi^{(n-1)}(x) + C_{n-1}^1 n(x-a)^{n-1}\varphi^{(n-2)}(x) + \cdots + C_{n-1}^{n-2} n(n-1)\cdots 3(x-a)^2\varphi'(x) + n!(x-a)\varphi(x).$$

于是 $f^{(n-1)}(a) = 0$.

按导数定义，即得

$$f^{(n)}(a) = \lim_{x \to a}\frac{f^{(n-1)}(x) - f^{(n-1)}(a)}{x-a}$$

$$= \lim_{x \to a}[(x-a)^{n-1}\varphi^{(n-1)}(x) + C_{n-1}^1 n(x-a)^{n-2}\varphi^{(n-2)}(x) + \cdots + C_{n-1}^{n-2} n(n-1)\cdots 3(x-a)\varphi'(x) + n!\varphi(x)]$$

$$= n!\varphi(a).$$

6. 解　对函数 $x = f(y) = y^3 + 3y$ 有

$$f'(y) = 3y^2 + 3 = 3(y^2+1) > 0,$$

其中 y 为任意实数，故 $f(y)$ 在$(-\infty, +\infty)$ 内严格递增，从而存在单值的反函数 $y = y(x)(-\infty < x < +\infty)$，且 $y'(x) = \dfrac{1}{f'(y)} = \dfrac{1}{3(y^2+1)}$.

三、证明题

1. 证　由 $f(x_1 + x_2) = f(x_1)f(x_2)$ 得

$$f(x) = f(x+0) = f(x)f(0),$$

即 $f(x)[1 - f(0)] = 0$，于是 $f(0) = 1$ 或者 $f(x) = 0$.

若 $f(x) \equiv 0$，则 $f'(x) \equiv 0$，这与题设 $f'(0) = 1$ 矛盾，所以 $f(0) = 1$.

对 $\forall x \in \mathbf{R}$，有

$$f'(x) = \lim_{\Delta x \to 0}\frac{f(x+\Delta x) - f(x)}{\Delta x} = \lim_{\Delta x \to 0}\frac{f(x)f(\Delta x) - f(x)}{\Delta x}$$

$$= \lim_{\Delta x \to 0}\frac{f(x)[f(\Delta x) - 1]}{\Delta x} = f(x)\lim_{\Delta x \to 0}\frac{f(\Delta x) - f(0)}{\Delta x}$$

$$= f(x)f'(0) = f(x).$$

2. 证　(1) $y' = \left(\dfrac{ax+b}{cx+d}\right)' = \dfrac{(ax+b)'(cx+d) - (cx+d)'(ax+b)}{(cx+d)^2}$

$$= \frac{a(cx+d) - c(ax+b)}{(cx+d)^2} = \frac{1}{(cx+d)^2}\begin{vmatrix} a & b \\ c & d \end{vmatrix}.$$

(2) 用数学归纳法证明. 由(1) 知，当 $n = 1$ 时，命题成立.

假设当 $n=k$ 时,命题成立,则当 $n=k+1$ 时,

$$y^{(k+1)}=(y^{(k)})'=\left[(-1)^{k+1}\frac{k!c^{k-1}}{(cx+d)^{k+1}}\begin{vmatrix}a & b\\ c & d\end{vmatrix}\right]'$$

$$=(-1)^{k+1}k!c^{k-1}\begin{vmatrix}a & b\\ c & d\end{vmatrix}(-1)(k+1)\frac{c}{(cx+d)^{k+2}}$$

$$=(-1)^{k+2}\frac{(k+1)!c^{k}}{(cx+d)^{k+2}}\begin{vmatrix}a & b\\ c & d\end{vmatrix}.$$

即当 $n=k+1$ 时,命题也成立. 于是(2)的结论得证.

第五章　导数和微分　优化提高B卷

一、填空题

1. 4　2. $\dfrac{2(1-2x)}{(1-x+x^2)^2}$　3. $\sin x\ln\tan x$　4. -1　5. $-\dfrac{b^2x}{a^2y}$

二、解答题

1. 解　$y=\dfrac{(\ln x)^x}{x^{\ln x}}=\dfrac{e^{x\ln(\ln x)}}{e^{\ln^2 x}}=e^{x\ln(\ln x)-\ln^2 x}$.

$$y'=\frac{(\ln x)^x}{x^{\ln x}}\{[x\ln(\ln x)]'-(\ln^2 x)'\}=\frac{(\ln x)^x}{x^{\ln x}}\left(\ln\ln x+\frac{1}{\ln x}-\frac{2\ln x}{x}\right)$$

$$=\frac{(\ln x)^{x-1}}{x^{\ln x+1}}[x\ln x\ln(\ln x)+x-2\ln^2 x].$$

2. 解　当 $x\neq 0$ 时,$f'_-(x)=f'_+(x)=\dfrac{1+\left(1+\dfrac{1}{x}\right)e^{\frac{1}{x}}}{(1+e^{\frac{1}{x}})^2}$.

当 $x=0$ 时,$f'_-(0)=\lim\limits_{x\to 0^-}\dfrac{f(x)-f(0)}{x}=\lim\limits_{x\to 0^-}\dfrac{1}{1+e^{\frac{1}{x}}}=1$,

$$f'_+(0)=\lim_{x\to 0^+}\frac{f(x)-f(0)}{x}=\lim_{x\to 0^+}\frac{1}{1+e^{\frac{1}{x}}}=0.$$

3. 解　$f(x_0)=x_0^2=f(x_0-0)$,$f(x_0+0)=ax_0+b$.

当 $x_0^2=ax_0+b$ 时,函数 $f(x)$ 在点 x_0 连续.

又因 $f'_-(x_0)=2x_0$,$f'_+(x_0)=a$,故当 $a=2x_0$ 时,函数在点 x_0 处可微. 从而得 $x_0^2=2x_0^2+b$,即 $b=-x_0^2$.

于是,所求的系数为 $a=2x_0$,$b=-x_0^2$.

4. 解　$\lim\limits_{n\to\infty}n\left[f\left(x+\dfrac{1}{n}\right)-f(x)\right]=\lim\limits_{n\to\infty}\dfrac{f\left(x+\dfrac{1}{n}\right)-f(x)}{\dfrac{1}{n}}=f'(x)$. 故(1)式成立.

反之,不成立. 例如,狄利克雷函数 $D(x)=\begin{cases}1, & x\in Q,\\ 0, & x\in Q^c\end{cases}$在任一有理点是不连续的,当然其导

数也不存在. 但由于 $x+\frac{1}{n}$ 仍为有理数，故当 x 为有理数时，

$$D\left(x+\frac{1}{n}\right)-D(x)=1-1=0,$$

从而 $\lim\limits_{n\to\infty} n\left[D\left(x+\frac{1}{n}\right)-D(x)\right]=0$ 存在.

5. 解 (1) 当 $n>0$ 时，$\lim\limits_{x\to0} f(x)=\lim\limits_{x\to0} x^n\sin\frac{1}{x}=0=f(0)$，故 $f(x)$ 在 $x=0$ 处连续（当 $n=\frac{p}{q}$（p,q 互素）且 q 为偶数时，只考虑在 $x=0$ 处右连续）.

(2) 当 $n>1$ 时，$\lim\limits_{x\to0}\frac{f(x)-f(0)}{x}=\lim\limits_{x\to0} x^{n-1}\sin\frac{1}{x}=0$，于是 $f'(0)=0$，即 $f(x)$ 在 $x=0$ 处可微.

(3) 当 $n>2$ 时，由于

$$f'(x)=\begin{cases} nx^{n-1}\sin\frac{1}{x}-x^{n-2}\cos\frac{1}{x}, & x\neq0,\\ 0, & x=0,\end{cases}$$

故 $\lim\limits_{x\to0} f'(x)=\lim\limits_{x\to0}\left(nx^{n-1}\sin\frac{1}{x}-x^{n-2}\cos\frac{1}{x}\right)=0=f'(0)$.

所以当 $n>2$ 时，$f'(x)$ 在 $x=0$ 处连续.

6. 解 对于函数 $x=f(y)=y-\varepsilon\sin y$ 有 $f'(y)=1-\varepsilon\cos y>0\ (0\leqslant\varepsilon<1)$.

故 $f(y)$ 在 $(-\infty,+\infty)$ 内严格递增，从而存在单值的反函数 $y=y(x)$，且

$$y'(x)=\frac{1}{f'(y)}=\frac{1}{1-\varepsilon\cos y}.$$

7. 解 注意到 $\sqrt{1-x^2}\,y(x)=\arcsin x$，两边求导有

$$-\frac{x}{\sqrt{1-x^2}}y(x)+\sqrt{1-x^2}\,y'(x)=\frac{1}{\sqrt{1-x^2}},$$

从而

$$(1-x^2)y'(x)-xy(x)=1.$$

对上式两边求 $(n-1)$ 阶导数，注意使用对乘积求高阶导数的 Leibniz 法则，得到

$$(1-x^2)y^{(n)}(x)-2(n-1)xy^{(n-1)}(x)-2C_{n-1}^2y^{(n-2)}(x)-xy^{(n-1)}(x)-(n-1)y^{(n-2)}(x)=0.$$

令 $x=0$，可以得到递推关系 $y^{(n)}(0)=(n-1)^2y^{(n-2)}(0)$，故 $y^{(2\,023)}(0)=(2\,022!!)^2$.

三、证明题

1. 证 因为 $f(x)$ 在 x_0 处可导，故由归结原则知

$$f'(x_0)=\lim_{x\to x_0}\frac{f(x)-f(x_0)}{x-x_0}=\lim_{\alpha_n\to x_0}\frac{f(\alpha_n)-f(x_0)}{\alpha_n-x_0}=\lim_{\beta_n\to x_0}\frac{f(\beta_n)-f(x_0)}{\beta_n-x_0},$$

又

$$\frac{f(\beta_n)-f(\alpha_n)}{\beta_n-\alpha_n}-f'(x_0)$$

$$=\frac{\beta_n-x_0}{\beta_n-\alpha_n}\left\{\frac{f(\beta_n)-f(x_0)}{\beta_n-x_0}-f'(x_0)\right\}+\frac{x_0-\alpha_n}{\beta_n-\alpha_n}\left\{\frac{f(\alpha_n)-f(x_0)}{\alpha_n-x_0}-f'(x_0)\right\},$$

且

$$\left|\frac{\beta_n-x_0}{\beta_n-\alpha_n}\right|<1,\quad \left|\frac{\alpha_n-x_0}{\beta_n-\alpha_n}\right|<1.$$

根据无穷小的性质，有$\lim\limits_{n\to\infty}\dfrac{f(\beta_n)-f(\alpha_n)}{\beta_n-\alpha_n}=f'(x_0)$.

2. 证　**方法一**　用反证法. 如果在(a,b)内不存在ξ，使$f(\xi)=K$，则当$x\in(a,b)$时，有$f(x)>K$（或$f(x)<K$）总成立. 否则，若存在$x_1,x_2\in(a,b)$，使得$f(x_1)>K$，$f(x_2)<K$. 根据连续函数的介值定理，存在$\xi\in(a,b)$，使得$f(\xi)=K$. 这与假设矛盾.

不妨设当$x\in(a,b)$时，$f(x)>K$. 再由$f(a)=f(b)=K$可得

$$f'_+(a)=\lim_{x\to a^+}\frac{f(x)-f(a)}{x-a}=\lim_{x\to a^+}\frac{f(x)-K}{x-a}\geqslant 0,$$

$$f'_-(b)=\lim_{x\to b^-}\frac{f(x)-f(b)}{x-b}=-\lim_{x\to b^-}\frac{f(x)-K}{b-x}\leqslant 0,$$

故$f'_+(a)f'_-(b)\leqslant 0$. 这与题设$f'_+(a)f'_-(b)>0$矛盾. $\exists\,\xi\in(a,b)$，使$f(\xi)=K$.

方法二　令$F(x)=f(x)-k$，$x\in[a,b]$，则$F(x)$在$[a,b]$上连续，$F(a)=F(b)=0$，$F'_+(a)F'_-(b)=f'_+(a)f'_-(b)>0$. 下证$\exists\,\xi\in(a,b)$，使$F(\xi)=0$.

不妨设$F'_+(a)>0$，$F'_-(b)>0$.

由$F'_+(a)=\lim\limits_{x\to a^+}\dfrac{F(x)-F(a)}{x-a}=\lim\limits_{x\to a^+}\dfrac{F(x)}{x-a}>0$，则$\exists\,\delta_1>0\left(\delta_1<\dfrac{b-a}{2}\right)$，当$x\in(a,a+\delta_1)$时，有$F(x)>0$. 特别地有$F\left(a+\dfrac{\delta_1}{2}\right)>0$.

由$F'_-(b)=\lim\limits_{x\to b^-}\dfrac{F(x)-F(b)}{x-b}=\lim\limits_{x\to b^-}\dfrac{F(x)}{x-b}>0$，则$\exists\,\delta_2>0\left(\delta_2<\dfrac{b-a}{2}\right)$，当$x\in(b-\delta_2,b)$时，有$F(x)<0$. 特别地有$F\left(b-\dfrac{\delta_2}{2}\right)<0$.

由根的存在性定理知，$\exists\,\xi\in\left(a+\dfrac{\delta_1}{2},b-\dfrac{\delta_2}{2}\right)\subset(a,b)$，使$F(\xi)=0$，即$f(\xi)=K$.

第六章　微分中值定理及其应用　巩固练习A卷

一、填空题

1. 2　2. $\ln 2+\dfrac{1}{2}(x-2)-\dfrac{1}{2\cdot 2^2}(x-2)^2+\cdots+(-1)^{n-1}\dfrac{1}{n\cdot 2^n}(x-2)^n+o((x-2)^n)$

3. 66,2　4. $(1,2)$　5. $y=x-3$

二、解答题

1. 解　由于$\lim\limits_{x\to 1}\tan\dfrac{\pi x}{2}\ln(2-x)=\lim\limits_{x\to 1}\dfrac{\ln(2-x)}{\cot\dfrac{\pi x}{2}}=\lim\limits_{x\to 1}\dfrac{\dfrac{1}{x-2}}{-\dfrac{\pi}{2}\csc^2\dfrac{\pi x}{2}}=\dfrac{2}{\pi}$，所以

$$\lim_{x\to1}(2-x)^{\tan\frac{\pi x}{2}}=e^{\frac{2}{\pi}}.$$

2. 解 $\displaystyle\lim_{x\to0}\frac{\cos x-e^{-\frac{x^2}{2}}}{x^4}=\lim_{x\to0}\frac{\left[1-\frac{x^2}{2!}+\frac{x^4}{4!}+o(x^4)\right]-\left[1-\frac{x^2}{2}+\frac{1}{2!}\cdot\frac{x^4}{4}+o(x^4)\right]}{x^4}$

$$=\lim_{x\to0}\frac{\left(\frac{1}{4!}-\frac{1}{4\cdot2!}\right)x^4+o(x^4)}{x^4}=-\frac{1}{12}.$$

三、证明题

1. 证 因为 $f(x)=0$ 在区间 (a,b) 上有两个相异实根，所以 $\exists x_1,x_2\in(a,b),x_1<x_2$，使得 $f(x_1)=f(x_2)=0$. 又 $f(x)\geqslant0,\forall x\in(a,b)$，故 x_1,x_2 必然是 $f(x)$ 的局部极小值点. 由费马定理可得 $f'(x_1)=f'(x_2)=0$. 由于 $f'''(x)$ 存在，故 $f''(x),f'(x)$ 存在且 $f''(x)$，$f'(x)$，$f(x)$ 均在 (a,b) 上连续.

在 $[x_1,x_2]\subset(a,b)$ 内使用罗尔定理，$\exists\xi\in(x_1,x_2)$，使得 $f'(\xi)=0$. 同理，$\exists\xi_1\in(x_1,\xi)$，$\xi_2\in(\xi,x_2)$，使得 $f''(\xi_1)=f''(\xi_2)=0$. 再次使用罗尔定理，$\exists c\in(\xi_1,\xi_2)\subset(a,b)$，使得 $f'''(c)=0$.

2. 证 作辅助函数 $F(x)=e^xf(x)$，则 $F(x)$ 满足拉格朗日中值定理条件，且 $F(a)=e^af(a)=e^a$，$F(b)=e^bf(b)=e^b$. 因此，存在 $\eta\in(a,b)$，使

$$\frac{F(b)-F(a)}{b-a}=\frac{e^b-e^a}{b-a}=F'(\eta)=e^\eta[f(\eta)+f'(\eta)].$$

又 $g(x)=e^x$ 在 $[a,b]$ 上满足拉格朗日中值定理条件，故 $\exists\xi\in(a,b)$，使 $\dfrac{e^b-e^a}{b-a}=e^\xi$.

综上所述，$\exists\xi,\eta\in(a,b)$，使 $e^\eta[f(\eta)+f'(\eta)]=e^\xi$，即 $e^{\eta-\xi}[f(\eta)+f'(\eta)]=1$.

3. 证 设 $g(x)=\dfrac{1}{x}$，$F(x)=\dfrac{f(x)}{x}$，由于 $x_1x_2>0$，故 $x=0$ 在 $[x_1,x_2]$ 之外. 从而 $g(x)$ 和 $F(x)$ 均在 $[x_1,x_2]$ 上可微，且有

$$[g'(x)]^2+[F'(x)]^2=\frac{1}{x^4}\{1+[xf'(x)-f(x)]^2\}\neq0 \text{ 及 } g(x_1)\neq g(x_2).$$

因此，函数 $F(x)$ 和 $g(x)$ 满足柯西中值定理的条件，故在 (x_1,x_2) 内至少存在一点 ξ，使得

$$\frac{F(x_2)-F(x_1)}{g(x_2)-g(x_1)}=\frac{F'(\xi)}{g'(\xi)}，\text{即}\frac{\frac{f(x_2)}{x_2}-\frac{f(x_1)}{x_1}}{\frac{1}{x_2}-\frac{1}{x_1}}=\frac{\frac{\xi f'(\xi)-f(\xi)}{\xi^2}}{-\frac{1}{\xi^2}},$$

化简整理，即得

$$\frac{1}{x_1-x_2}\begin{vmatrix}x_1 & x_2\\ f(x_1) & f(x_2)\end{vmatrix}=f(\xi)-\xi f'(\xi).$$

4. 证 对 $\forall x\in[0,2]$，把 $f(2),f(0)$ 在点 x 处展开成带有拉格朗日型余项的二阶泰勒公式，有

$$f(0)=f(x)-f'(x)x+\frac{f''(\xi_1)}{2!}x^2,\quad 0<\xi_1<x,$$

$$f(2)=f(x)+f'(x)(2-x)+\frac{f''(\xi_2)}{2!}(2-x)^2,\quad x<\xi_2<2,$$

上面两式相减后有

$$2f'(x)=f(2)-f(0)-\frac{f''(\xi_2)}{2}(2-x)^2+\frac{f''(\xi_1)}{2}x^2.$$

再利用 $|f(x)|\leqslant 1$，$|f''(x)|\leqslant 1$，可得

$$2|f'(x)|\leqslant 2+\frac{x^2+(2-x)^2}{2}=2+(x-1)^2+1\leqslant 4.$$

于是有 $|f'(x)|\leqslant 2$.

5. 证　令 $f(x)=x-\ln(1+x)$，$x\in[0,+\infty)$，则 $f'(x)=1-\frac{1}{1+x}>0\ (x>0)$. 所以 $f(x)$ 在 $[0,+\infty)$ 内严格单调递增，又 $f(0)=0$，因此 $f(x)>f(0)=0(x>0)$，即 $x>\ln(1+x)$.

再令 $g(x)=\ln(1+x)-x+\frac{x^2}{2}$，$x\in[0,+\infty)$，则

$$g'(x)=\frac{1}{1+x}-1+x=\frac{x^2}{1+x}>0\ (x>0),$$

所以 $g(x)$ 在 $[0,+\infty)$ 内严格单调递增. 又 $g(0)=0$，从而 $g(x)>g(0)=0\ (x>0)$，即 $\ln(1+x)>x-\frac{x^2}{2}$. 综上得 $x-\frac{x^2}{2}<\ln(1+x)<x\ (x>0)$.

6. 证　若函数 $f(x)$ 在区间 (a,b) 内是凸的，则对 $\forall x,y\in(a,b)$，有

$$\frac{1}{2}[f(x)+f(y)]>f\left(\frac{x+y}{2}\right).$$

设 $f(x)=x^n(x>0,n>1)$，则 $f''(x)=n(n-1)x^{n-2}>0$，$x\in(0,+\infty)$，因此 $f(x)=x^n\ (n>1)$ 在区间 $(0,+\infty)$ 内是严格凸的. 于是，对 $\forall x,y\in(0,+\infty)$，有

$$\frac{x^n+y^n}{2}>\left(\frac{x+y}{2}\right)^n.$$

几何意义是：连接点 (x,x^n) 及 (y,y^n) 的弦的中点始终位于曲线上对应点（具有相同横坐标）的上方.

第六章　微分中值定理及其应用　优化提高 B 卷

一、判断题

1. √　2. ×　3. ×　4. ×　5. ×

二、解答题

1. 解　设一正数为 x，则由题设，只要求函数 $f(x)=x^m(a-x)^n(0<x<a)$ 在 $(0,a)$ 内的最大值. 由于 $f'(x)=x^{m-1}(a-x)^{n-1}[ma-(m+n)x]$，令 $f'(x)=0$，即得 $x=\frac{m}{m+n}a$.

当 $0<x<\frac{m}{m+n}a$ 时，$f'(x)>0$；当 $\frac{m}{m+n}a<x<a$ 时，$f'(x)<0$.

因此，当 $x=\dfrac{m}{m+n}a$ 时，$f(x)$ 有极大值 $f\left(\dfrac{m}{m+n}a\right)=\dfrac{a^{m+n}m^m n^n}{(m+n)^{m+n}}$. 此极大值即为所求的最大值.

2. 解 $$\lim_{x\to0}\frac{\cos(\sin x)-\cos x}{x^4}=\lim_{x\to0}\frac{2\sin\dfrac{x+\sin x}{2}\sin\dfrac{x-\sin x}{2}}{x^4}$$
$$=\lim_{x\to0}\frac{2\cdot\dfrac{x+\sin x}{2}\cdot\dfrac{x-\sin x}{2}}{x^4}$$
$$=\frac{1}{2}\lim_{x\to0}\frac{x+\sin x}{x}\cdot\frac{x-\sin x}{x^3}$$
$$=\frac{1}{2}\lim_{x\to0}\frac{x+\sin x}{x}\cdot\lim_{x\to0}\frac{x-\sin x}{x^3}$$
$$=\lim_{x\to0}\frac{x-\sin x}{x^3}=\lim_{x\to0}\frac{1-\cos x}{3x^2}=\lim_{x\to0}\frac{\frac{x^2}{2}}{3x^2}=\frac{1}{6}.$$

3. 解 首先注意到
$$f'(x)=\frac{\dfrac{-2x(1+x^2)-2x(1-x^2)}{(1+x^2)^2}}{1+\left(\dfrac{1-x^2}{1+x^2}\right)^2}=-\frac{2x}{1+x^4},$$
因此当 $x<0$ 时，$f'(x)>0$；当 $x>0$ 时，$f'(x)<0$. 也就是 $f(x)$ 在 $(-\infty,0)$ 内单调递增，在 $(0,+\infty)$ 内单调递减，同时 $x=0$ 为 $f(x)$ 的极大值点，且极大值为 $f(0)=\dfrac{\pi}{4}$.

其次，由于
$$f''(x)=-\frac{2(1+x^4)-2x\cdot4x^3}{(1+x^4)^2}=\frac{2(3x^4-1)}{(1+x^4)^2}\begin{cases}>0, & x<-\dfrac{1}{\sqrt[4]{3}},\\<0, & -\dfrac{1}{\sqrt[4]{3}}<x<\dfrac{1}{\sqrt[4]{3}},\\>0, & x>\dfrac{1}{\sqrt[4]{3}},\end{cases}$$
因此 $f(x)$ 在 $\left(-\infty,-\dfrac{1}{\sqrt[4]{3}}\right)$ 与 $\left(\dfrac{1}{\sqrt[4]{3}},+\infty\right)$ 内为凸函数，在 $\left(-\dfrac{1}{\sqrt[4]{3}},\dfrac{1}{\sqrt[4]{3}}\right)$ 内为凹函数. 点 $\left(\pm\dfrac{1}{\sqrt[4]{3}},f\left(\pm\dfrac{1}{\sqrt[4]{3}}\right)\right)=\left(\pm\dfrac{1}{\sqrt[4]{3}},\dfrac{\pi}{12}\right)$ 为 $f(x)$ 的拐点.

最后，由于 $f(x)$ 在 $(-\infty,+\infty)$ 内连续，且 $\lim\limits_{x\to\infty}f(x)=\arctan(-1)=-\dfrac{\pi}{4}$，因此 $f(x)$ 的渐近线为 $y=-\dfrac{\pi}{4}$.

三、证明题

1. 证 构造函数 $F(x)=\begin{cases}f'(x)e^{\frac{1}{x-1}}, & x\in[0,1),\\0, & x=1,\end{cases}$ 则 $F(x)$ 在 $[0,1]$ 上连续，在 $(0,1)$ 内可

导，且 $F(0)=F(1)=0$，由罗尔定理，$\exists\xi\in(0,1)$，使得

$$F'(\xi)=f''(\xi)e^{\frac{1}{\xi-1}}-\frac{1}{(\xi-1)^2}f'(\xi)e^{\frac{1}{\xi-1}}=0,$$

化简可得 $f'(\xi)=(\xi-1)^2f''(\xi)$.

2. **证** 令 $g(x)=e^x$，则 $g(x)$ 与 $f(x)$ 在 $[a,b]$ 上满足柯西中值定理的条件，故 $\exists\eta\in(a,b)$，使得

$$\frac{f(b)-f(a)}{e^b-e^a}=\frac{f'(\eta)}{e^\eta},\quad 即\frac{f(b)-f(a)}{b-a}=\frac{(e^b-e^a)e^{-\eta}}{b-a}\cdot f'(\eta).$$

又 $f(x)$ 在 $[a,b]$ 上满足拉格朗日中值定理的条件，故 $\exists\xi\in(a,b)$，使 $\frac{f(b)-f(a)}{b-a}=f'(\xi)$.

由题设 $f'(x)\neq0$ 知 $f'(\eta)\neq0$，从而 $\frac{f'(\xi)}{f'(\eta)}=\frac{e^b-e^a}{b-a}\cdot e^{-\eta}$.

3. **证** f 在 $U(a;h)$ 内的带拉格朗日型余项的泰勒公式为

$$f(a+h)=f(a)+f'(a)h+\cdots+\frac{f^{(n)}(a)}{n!}h^n+\frac{f^{(n+1)}(a+\theta h)}{(n+1)!}h^{n+1},0<\theta<1.\quad ①$$

f 在 $U(a;h)$ 内的带佩亚诺型余项的泰勒公式为

$$f(a+h)=f(a)+f'(a)h+\cdots+\frac{f^{(n)}(a)}{n!}h^n+\frac{f^{(n+1)}(a)}{(n+1)!}h^{n+1}+\frac{f^{(n+2)}(a)}{(n+2)!}h^{n+2}+o(h^{n+2}).\quad ②$$

① 式减 ② 式，得

$$\frac{f^{(n+1)}(a+\theta h)-f^{(n+1)}(a)}{(n+1)!}h^{n+1}=\frac{f^{(n+2)}(a)}{(n+2)!}h^{n+2}+o(h^{n+2}),$$

两边同除以 h^{n+2} 得

$$\frac{f^{(n+1)}(a+\theta h)-f^{(n+1)}(a)}{(n+1)!h}=\frac{f^{(n+2)}(a)}{(n+2)!}+\frac{o(h^{n+2})}{h^{n+2}},$$

在上式两边令 $h\to0$ 得

$$\frac{f^{(n+2)}(a)}{(n+1)!}\lim_{h\to0}\theta=\frac{f^{(n+2)}(a)}{(n+2)!},$$

因 $f^{(n+2)}(a)\neq0$，故 $\lim\limits_{h\to0}\theta=\frac{1}{n+2}$.

4. **证** (1) 令 $f(x)=x-\sin x,x\in[0,+\infty)$，则 $f(0)=0$ 且 $f'(x)=1-\cos x\geqslant0$. 又使 $f'(x)=0$ 的点为 $x=2k\pi(k\in\mathbf{Z})$，这样的点不能充满任何一个区间，所以 $f(x)$ 在 $[0,+\infty)$ 上严格单调增加. 因而当 $x>0$ 时，有 $f(x)>f(0)=0$，即 $x-\sin x>0$.

(2) 设 $f(x)=\frac{\sin x}{x},x\in\left(0,\frac{\pi}{2}\right]$，则 $f\left(\frac{\pi}{2}\right)=\frac{2}{\pi}$ 且

$$f'(x)=\frac{x\cos x-\sin x}{x^2}=\frac{\cos x}{x^2}(x-\tan x).$$

当 $0<x<\frac{\pi}{2}$ 时，有 $\cos x>0,\tan x>x+\frac{x^3}{3}>x$，故 $f'(x)<0$. 所以，函数 $f(x)$ 在 $\left(0,\frac{\pi}{2}\right]$ 上是单调递减的. 因而，当 $0<x<\frac{\pi}{2}$ 时，有

$$f(x)>f\left(\frac{\pi}{2}\right)，即\frac{\sin x}{x}>\frac{2}{\pi}\left(0<x<\frac{\pi}{2}\right).$$

综上所得

$$\frac{2}{\pi}x<\sin x<x\left(0<x<\frac{\pi}{2}\right).$$

5. **证**　将 $f(x)$ 在 $x=a$ 和 $x=b$ 展开可得

$$f(x)=f(a)+f'(a)(x-a)+\frac{f''(c_1)}{2}(x-a)^2, c_1\in(a,b),$$

$$f(x)=f(b)+f'(b)(x-b)+\frac{f''(c_2)}{2}(x-b)^2, c_2\in(a,b).$$

由此得到

$$f\left(\frac{a+b}{2}\right)=f(a)+f'(a)\left(\frac{a+b}{2}-a\right)+\frac{f''(c_1)}{2}\left(\frac{a+b}{2}-a\right)^2$$

$$=f(a)+\frac{f'(a)}{2}(b-a)+\frac{f''(c_1)}{2}\left(\frac{b-a}{2}\right)^2, c_1\in(a,b),$$

$$f\left(\frac{a+b}{2}\right)=f(b)+f'(b)\left(\frac{a+b}{2}-b\right)+\frac{f''(c_2)}{2}\left(\frac{a+b}{2}-b\right)^2$$

$$=f(b)+\frac{f'(b)}{2}(a-b)+\frac{f''(c_2)}{2}\left(\frac{a-b}{2}\right)^2, c_2\in(a,b).$$

于是

$$|f(b)-f(a)|=\frac{1}{2}\left(\frac{b-a}{2}\right)^2|f''(c_1)-f''(c_2)|$$

$$\leqslant\frac{(b-a)^2}{8}(|f''(c_1)|+|f''(c_2)|)\leqslant\frac{(b-a)^2}{4}|f''(c)|,$$

其中 $c=c_1$ 或 $c=c_2$，且满足 $|f''(c)|=\max\{|f''(c_1)|,|f''(c_2)|\}$，即

$$|f''(c)|\geqslant\frac{4}{(b-a)^2}|f(b)-f(a)|.$$

第七章　实数的完备性　巩固练习 A 卷

一、填空题

1. $x_{100}=\frac{1}{20}, x_{10}=20$　2. 0,1　3. 1,1　4. 5 和 1　5. 0,1

二、证明题

1. **证**　用反证法. 设 S 是实轴上的一个有界无限点集，且 $S\subseteq[-M,M]$. 假设 S 没有聚点，则 $\forall x\in[-M,M]$ 都不是 S 的聚点，因此，$\exists\delta_x>0$，使得 $U(x;\delta_x)$ 中只含有 S 中有限多个点. 同时，开区间集 $H=\{U(x;\delta_x)\mid x\in[-M,M]\}$ 是 $[-M,M]$ 的一个开覆盖. 由有限覆盖定理知，存在 $[-M,M]$ 的一个有限开覆盖，设为 $U(x_1;\delta_{x_1}), U(x_2;\delta_{x_2}),\cdots,U(x_m;\delta_{x_m})$，它们也是 S 的一个覆盖. 因为每一个 $U(x_i;\delta_{x_i})(i=1,2,\cdots,m)$ 中只含有 S 中有限多

个点，故 S 是一个有限点集. 这与题设矛盾. 故实轴上的任一有界无限点集 S 至少有一个聚点.

2. **证**　设 f 在 $[a,b]$ 上连续，不妨设 $f(a)<0, f(b)>0$. 由连续函数的局部保号性，$\exists\delta>0$，使得在 $[a,a+\delta)$ 内 $f(x)<0$，在 $(b-\delta,b]$ 内 $f(x)>0$.

假设对 $\forall x_0\in(a,b)$，$f(x_0)\neq 0$，则由连续函数的局部保号性，存在 x_0 的某邻域 $U(x_0;\delta_{x_0})=(x_0-\delta_{x_0},x_0+\delta_{x_0})$，使得在此邻域内 $f(x)\neq 0$ 且 $f(x)$ 与 $f(x_0)$ 的符号相同.
令 $H=\{(x-\delta_x,x+\delta_x)\mid x\in(a,b)\}\cup\{[a-\delta,a+\delta)\}\cup\{(b-\delta,b+\delta]\}$，
则 H 是 $[a,b]$ 的一个开覆盖，由有限覆盖定理，存在 H 的一个有限子覆盖

$$H^*=\{(x_i-\delta_i,x_i+\delta_i)\mid i=1,2,\cdots,n\}\cup\{[a-\delta,a+\delta)\}\cup\{(b-\delta,b+\delta]\}$$

覆盖 $[a,b]$，显然 $(x_i-\delta_i,x_i+\delta_i)\cap(x_{i+1}-\delta_{i+1},x_{i+1}+\delta_{i+1})\neq\varnothing(i=1,2,\cdots,n-1)$，这样任意相邻区间中 f 符号相同，由传递性可知 f 在 $(x_i-\delta_i,x_i+\delta_i)(i=1,2,\cdots,n)$ 符号相同，这与 $f(a)<0, f(b)>0$ 矛盾. 故 $\exists x_0\in(a,b)$，使 $f(x_0)=0$.

3. **证**　设数集 S 非空且有上界 M. 因其非空，故有 $a_0\in S$，不妨设 a_0 不是 S 的上界（否则 a_0 为 S 的最大元，即为 S 的上确界），记 $[a_1,b_1]=[a_0,M]$.
将 $[a_1,b_1]$ 二等分，其中必有一子区间，其右端点为 S 的上界，但左端点不是 S 的上界，记为 $[a_2,b_2]$. 再将 $[a_2,b_2]$ 二等分，其中必有一子区间，其右端点是 S 的上界，而左端点不是 S 的上界，记为 $[a_3,b_3]$. 依此类推，得到一区间套 $\{[a_n,b_n]\}$，其中 b_n 恒为 S 的上界，a_n 恒非 S 的上界，且 $b_n-a_n=\dfrac{1}{2}(b_{n-1}-a_{n-1})=\dfrac{1}{2^{n-1}}(b_1-a_1)=\dfrac{M-a_0}{2^{n-1}}\to 0(n\to\infty)$. 由区间套定理，存在唯一的 $\xi\in[a_n,b_n]\ (n=1,2,\cdots)$. 现证 ξ 即为 $\sup S$：
（ⅰ）$\forall x\in S$，有 $x\leqslant b_n$，令 $n\to\infty$，得 $x\leqslant\xi$，即 ξ 为 S 的上界；
（ⅱ）$\forall\varepsilon>0$，由 $\lim\limits_{n\to\infty}a_n=\xi$，故 $\exists a_n>\xi-\varepsilon$. 由于 a_n 不是 S 的上界，因此 $\exists x^*\in S$，使 $x^*>a_n>\xi-\varepsilon$. 所以 ξ 是 S 的最小上界，即 $\sup S=\xi$.
同理可证有下界的非空数集必有下确界.

4. **证**　(1)⇒(2)：显然.
(2)⇒(3)：因为对 $\forall\delta>0$，$\exists x\in U^\circ(\xi;\delta)\cap S$，故
取 $\delta_1=1$，$\exists x_1\in U^\circ(\xi;\delta_1)\cap S$；
取 $\delta_2=\min\left\{\dfrac{1}{2},|\xi-x_1|\right\}>0$，$\exists x_2\in U^\circ(\xi;\delta_2)\cap S$；
…………
取 $\delta_n=\min\left\{\dfrac{1}{2^{n-1}},|\xi-x_{n-1}|\right\}>0$，$\exists x_n\in U^\circ(\xi;\delta_n)\cap S$；
…………
显然 $\{x_n\}\subset S$，$x_n\neq x_m\ (n\neq m)$，且 $\lim\limits_{n\to\infty}x_n=\xi$.
(3)⇒(1)：由 $\lim\limits_{n\to\infty}x_n=\xi$，可知对 $\forall\delta>0$，$\exists N$，$\forall n>N$，有 $x_n\in U(\xi;\delta)$，因 $\{x_n\}$ 是 S 中互不相同点的点列，故 $U(\xi;\delta)$ 内含 S 中无限多个点.

5. **证**　不妨设数列 $\{a_n\}$ 单调递增，且数集 $\{a_n\}$ 有上界，由确界原理知，$\{a_n\}$ 存在上确界，设

$\sup\{a_n \mid n \in \mathbf{N}_+\} = a$. 由上确界定义，对 $\forall n \in \mathbf{N}_+$，有 $a_n \leqslant a$；$\forall \varepsilon > 0, \exists N \in \mathbf{N}_+$，有 $a - \varepsilon < a_N$. 又数列 $\{a_n\}$ 单调递增，从而，当 $n > N$ 时，有 $a_N \leqslant a_n$，故 $a - \varepsilon < a_N \leqslant a_n \leqslant a < a + \varepsilon$，所以当 $n > N$ 时，有 $|a_n - a| < \varepsilon$. 即单调递增有上界的数列 $\{a_n\}$ 存在极限 a.

类似可证单调递减有下界的数列 $\{a_n\}$ 也存在极限 a'.

6. **证**　构造集合 $S = \{x \mid a < x \leqslant b, [a,x]$ 能被 H 中有限个开区间覆盖$\}$.

显然，S 有上界. 又因为 H 覆盖闭区间 $[a,b]$，所以存在开区间 $(\alpha,\beta) \in H$，使 $a \in (\alpha,\beta)$.

取 $x \in (\alpha,\beta) \cap [a,b]$，则 $[a,x] \subset (\alpha,\beta)$，即 $[a,x]$ 能被 H 中的有限个开区间覆盖.

从而 $x \in S$，即 $S \neq \varnothing$. 由确界原理可知，$\exists \xi = \sup S$. 下面证明 $\xi = b$.

用反证法. 若 $\xi \neq b$，则 $a < \xi < b$，由 H 覆盖闭区间 $[a,b]$ 知，必 $\exists (\alpha_1,\beta_1) \in H$，使 $\xi \in (\alpha_1, \beta_1)$，取 x_1 和 x_2，使 $\alpha_1 < x_1 < \xi < x_2 < \beta_1$，则 $x_1 \in S$，所以 $[a,x_1]$ 能被 H 中有限个开区间覆盖，把 (α_1,β_1) 加上，就得到 $[a,x_2]$ 也能被 H 中有限个开区间所覆盖，所以 $x_2 \in S$. 这与 $\xi = \sup S$ 矛盾. 所以 $\xi = b$，定理结论成立.

7. **证**　$\forall x_0 \in [a,b]$，由条件可设 $\lim\limits_{x \to x_0} f(x) = A$，故 $\exists M_0$ 使得 $\forall x \in U(x_0, \delta_{x_0})$，有

$$|f(x)| \leqslant M_0,$$

则 $\{U(x,\delta_x) \mid x \in (a,b)\}$ 是 $[a,b]$ 的开覆盖，由有限覆盖定理知存在有限子覆盖，不妨设 $U(x_1,\delta_{x_1}), \cdots, U(x_m, \delta_{x_m})$ 覆盖 $[a,b]$，且 $|f(x)| \leqslant M_i, \forall x \in U(x_i, \delta_{x_i}) (i = 1,2,\cdots)$.

令 $M = \max\{M_1, M_2, \cdots, M_m\}$，则 $|f(x)| \leqslant M, \forall x \in [a,b]$，即 $f(x)$ 在 $[a,b]$ 上有界.

8. **证**　设 M 是集合 A 的上界，若 A 有最大值，则最大值即为上确界.

现设 A 无最大值，$\forall x_0 \in A$，将 $[x_0, M]$ 二等分，若右半区间含有 A 中的点，则记右半区间为 $[a_1,b_1]$，否则就记左半区间为 $[a_1,b_1]$. 然后再将 $[a_1,b_1]$ 二等分，用同样的方法选记 $[a_2, b_2]$，如此下去，便得一闭区间套 $\{[a_n,b_n]\}$，且

$$b_n - a_n = \frac{1}{2^n}(M - x_0) \to 0 (n \to \infty).$$

由闭区间套定理可知存在唯一的 $\xi \in [a_n, b_n], n = 1,2,\cdots$，且 $\lim\limits_{n\to\infty} a_n = \lim\limits_{n\to\infty} b_n = \xi$，则 ξ 为 A 的上确界.

第七章　实数的完备性　优化提高 B 卷

证明题

1. **证**　设 $\{[a_n,b_n]\}$ 为区间套，要证存在唯一的 ξ，使 $a_n \leqslant \xi \leqslant b_n \ (n = 1,2,\cdots)$.

若对 $\forall x \in [a_1,b_1]$ 都不是 $\{[a_n,b_n]\}$ 的公共点，于是 $\exists n_x$，使得 $x \notin [a_{n_x}, b_{n_x}]$，故 $\exists \varepsilon_x > 0$，使 $U(x;\varepsilon_x) \cap [a_{n_x}, b_{n_x}] = \varnothing$. 设 $H = \{U(x;\varepsilon_x) \mid x \in [a_1,b_1]\}$，它是 $[a_1,b_1]$ 的无限开覆盖.

由有限覆盖定理，$\exists \{U(x_i;\varepsilon_{x_i}) \mid i = 1,2,\cdots,n\} \subset H$，就能覆盖 $[a_1,b_1]$. 现取 $m > \max\limits_{1 \leqslant i \leqslant n}\{n_{x_i}\}$，则有 $[a_m,b_m] \cap \bigcup\limits_{i=1}^{n} U(x_i, \varepsilon_{x_i}) = \varnothing$，而 $\bigcup\limits_{i=1}^{n} U(x_i, \varepsilon_{x_i}) \supset [a_1,b_1]$，此与 $[a_m,b_m] \subset [a_1,b_1]$ 相矛盾. 由此可知，存在 ξ，使得 $a_n \leqslant \xi \leqslant b_n, n = 1,2,\cdots$.

下证 ξ 的唯一性. 若存在 ξ' 也满足 $a_n \leqslant \xi' \leqslant b_n, n = 1,2,\cdots$，则有 $|\xi - \xi'| \leqslant b_n - a_n, n =$

$1,2,\cdots$. 从而 $|\xi-\xi'|\leqslant\lim\limits_{n\to\infty}(b_n-a_n)=0$,故 $\xi'=\xi$.

2. **证** 必要性:设 $\{x_n\}$ 为有界数列,则其任一子列 $\{x_{n_k}\}$ 也都有界. 由致密性定理知 $\{x_{n_k}\}$ 必定存在收敛子列 $\{x_{n_{k_i}}\}$.

充分性:设 $\{x_n\}$ 的任一子列都存在收敛子列. 假设 $\{x_n\}$ 为无界数列,则必有某一子列 $\{x_{n_k}\}$,使 $\lim\limits_{k\to\infty}|x_{n_k}|=+\infty$. 因此,$\{x_{n_k}\}$ 的一切子列 $\{x_{n_{k_i}}\}$ 都是无穷大量,这与 $\{x_{n_k}\}$ 必有收敛子列相矛盾,所以 $\{x_n\}$ 为有界数列.

3. **证** $\forall\delta>0$,不妨设 $\delta<b-a$,则 $U_+(a;\delta)\cap[a,b]=[a,a+\delta)\subseteq[a,b]$.

由实数集的稠密性知,集合 $[a,a+\delta)$ 中有无穷多个实数,故 a 是 $[a,b]$ 的一个聚点.

同理,b 也是 $[a,b]$ 的一个聚点.

$\forall x_0\in(a,b)$,$\delta>0$,不妨设 $\delta<\min\{x_0-a,b-x_0\}$,则 $U(x_0;\delta)\cap[a,b]=(x_0-\delta,x_0+\delta)\subseteq[a,b]$,故 x_0 的任意邻域内都含有 $[a,b]$ 中的无穷多个点,从而 x_0 为 $[a,b]$ 的一个聚点. 即 $[a,b]$ 的所有点都是 $[a,b]$ 的聚点.

设 $y_0\notin[a,b]$,令 $\delta=\min\{|y_0-a|,|y_0-b|\}$,则 $\delta>0$,$U(y_0;\delta)\cap[a,b]=\varnothing$,即 y_0 不是 $[a,b]$ 的聚点. 故闭区间 $[a,b]$ 的全体聚点的集合是 $[a,b]$ 本身. 得证.

4. **证** 设 $\{x_n\}$ 是一个单调递增数列,ξ 为 $\{x_n\}$ 的聚点.

先证聚点是唯一的.

假设 ξ,η 是 $\{x_n\}$ 的两个不相等的聚点,不妨设 $\xi<\eta$. 令 $\delta=\eta-\xi$,则 $\delta>0$,按聚点的定义,$U\left(\eta;\dfrac{\delta}{2}\right)$ 中含有 $\{x_n\}$ 中的无穷多个点,设 $x_{n_1}\in U\left(\eta;\dfrac{\delta}{2}\right)$,则 $n>n_1$ 时,$x_n>\eta-\dfrac{\delta}{2}=\xi+\dfrac{\delta}{2}$,于是 $U\left(\xi;\dfrac{\delta}{2}\right)$ 中只能含有 $\{x_n\}$ 中有限多个点,这与 ξ 是聚点矛盾. 因此,若 $\{x_n\}$ 存在聚点,则必是唯一的.

(i) 先证 ξ 是 $\{x_n\}$ 的一个上界. 假设 ξ 不是 $\{x_n\}$ 的一个上界,于是 $\exists N$,使 $x_N>\xi$,取 $\varepsilon=x_N-\xi$,则在 ξ 的邻域 $U(\xi;\varepsilon)$ 内最多只有 $\{x_n\}$ 中的有限多个点 $x_1,x_2,\cdots,x_{N-1}$,这与 ξ 为 $\{x_n\}$ 的聚点相矛盾.

(ii) 再证 ξ 是 $\{x_n\}$ 的最小上界. 事实上,对 $\forall\varepsilon>0$,在 ξ 的邻域 $U(\xi;\varepsilon)$ 内有 $\{x_n\}$ 中的无限多个点,设 $x_N\in U(\xi;\varepsilon)$,从而 $x_N>\xi-\varepsilon$. 所以 $\xi=\sup\{x_n\}$.

综上,若 $\{x_n\}$ 有聚点,则必唯一,恰为 $\{x_n\}$ 的确界.

5. **证** 必要性:设 $\{a_n\}$ 收敛,令 $\lim\limits_{n\to\infty}a_n=a$,则 $\forall\varepsilon>0$,$\exists N$,当 $n,m>N$ 时,有 $|a_n-a|<\dfrac{\varepsilon}{2}$,$|a_m-a|<\dfrac{\varepsilon}{2}$,所以

$$|a_n-a_m|=|a_n-a+a-a_m|\leqslant|a_n-a|+|a_m-a|<\frac{\varepsilon}{2}+\frac{\varepsilon}{2}=\varepsilon.$$

充分性:设 $\forall\varepsilon>0$,$\exists N>0$,$\forall m,n>N$,$|a_n-a_m|<\varepsilon$,要证数列 $\{a_n\}$ 收敛.

先证数列 $\{a_n\}$ 有界. 对于 $\varepsilon=1$,$\exists N>0$,当 $n>N$ 时,有 $|a_n-a_{N+1}|<1$,故 $|a_n|<|a_{N+1}|+1$. 令 $M=\max\{|a_1|,|a_2|,\cdots,|a_N|,|a_N|+1\}$,则 $|a_n|<M(n=1,2,\cdots)$,所以数列 $\{a_n\}$ 有界.

其次证明数列$\{a_n\}$有收敛子列.

若集$S=\{a_n \mid n=1,2,\cdots\}$是有限集,则数列$\{a_n\}$有常数子列,当然收敛;

若集S是无限集,且S有界,由聚点定理知S有聚点,设S的聚点为ξ. 再由聚点的定义知存在互异的收敛子列$\{a_{n_k}\}\subset\{a_n\}$,使得$\lim\limits_{k\to\infty}a_{n_k}=\xi$.

最后证明$\lim\limits_{n\to\infty}a_n=\xi$. 由题设知 $\forall\varepsilon>0,\exists N_1>0,\forall m,n>N_1,|a_m-a_n|<\varepsilon$.

再由$\lim\limits_{k\to\infty}a_{n_k}=\xi$,知 $\exists N_2>0,\forall k>N_2,|a_{n_k}-\xi|<\varepsilon$. 现在,取 $N=\max\{N_1,N_2\}$,当$n>N$时,任取$k>N$有

$$|a_n-\xi|\leqslant|a_n-a_{n_k}|+|a_{n_k}-\xi|<\varepsilon+\varepsilon=2\varepsilon.$$

所以$\lim\limits_{n\to\infty}a_n=\xi$.

6. **证**　一致连续性定理:若函数$f(x)$在闭区间$[a,b]$上连续,则$f(x)$在$[a,b]$上一致连续.

因$f(x)$在$[a,b]$上连续,故对于$\forall x\in[a,b],\forall\varepsilon>0,\exists\delta_x>0,\forall x'\in U(x;\delta_x)\cap[a,b]$,有

$$|f(x')-f(x)|<\frac{\varepsilon}{2}.$$

取$H=\left\{U\left(x;\frac{\delta_x}{2}\right)\middle|x\in[a,b]\right\}$,则$H$是$[a,b]$的无限开覆盖. 由有限覆盖定理知,从中可以选出有限个开区间覆盖$[a,b]$. 不妨设选出的有限个开区间为

$$U\left(x_i;\frac{\delta_{x_i}}{2}\right),i=1,2,\cdots,n.$$

取$\delta=\min\left\{\frac{\delta_{x_i}}{2}\middle|i=1,2,\cdots,n\right\}$,则$\forall x',x''\in[a,b]$,不妨设$x'\in U\left(x_1;\frac{\delta_{x_1}}{2}\right)$,即$|x'-x_1|<\frac{\delta_{x_1}}{2}$. 当$|x'-x''|<\delta$时,由于

$$|x''-x_1|=|x''-x'+x'-x_1|\leqslant|x''-x'|+|x'-x_1|<\delta+\frac{\delta_{x_1}}{2}\leqslant\delta_{x_1},$$

因此

$$\begin{aligned}|f(x')-f(x'')|&=|f(x')-f(x_1)+f(x_1)-f(x'')|\\&\leqslant|f(x')-f(x_1)|+|f(x_1)-f(x'')|\\&<\frac{\varepsilon}{2}+\frac{\varepsilon}{2}=\varepsilon,\end{aligned}$$

由一致连续的定义可知,$f(x)$在$[a,b]$上一致连续.

7. **证**　反证法. 设$\{f_n(x)\}$在任何(非空)子区间上都不一致有界,则$\exists x_1\in[0,1]$及$n_1\in\mathbf{N}$,使得$f_{n_1}(x_1)>1$. 又因f_{n_1}连续,根据保号性,在含x_1的某个闭子区间$\Delta_1\subset[0,1]$上,恒有$f_{n_1}(x)>1$. $\{f_n(x)\}$在Δ_1上仍不一致有界,所以$\exists_2\in\Delta_1$及$n_2\in\mathbf{N}$,使得$f_{n_2}(x_2)>2$.

根据连续保号性,存在闭子区间$\Delta_2\subset\Delta_1$,使得Δ_2上恒有$f_{n_2}(x)>2$. 如此继续下去,便得一串闭区间$\Delta_1\supset\Delta_2\supset\cdots\supset\Delta_k\supset\cdots$,在$\Delta_k$上恒有$f_{n_k}(x)>k$. 利用闭区间套定理知,$\exists x_0\in\Delta_k(k=1,2,\cdots)$,使$f_{n_k}(x_0)>k\ (k=1,2,\cdots)$,所以$\{f_n(x)\}$在$x_0$处无界,与已知条件矛盾,结论得证.

8. 证　(Ⅰ)有限覆盖定理:若 H 为闭区间$[a,b]$的一个开覆盖,则在 H 中必存在有限个开区间覆盖$[a,b]$.

(Ⅱ)Weierstrass 定理(致密性定理):有界数列必存在收敛子列.

反证法. 设有数列$\{x_n\}$,$x_n \in [a,b](n=1,2,\cdots)$. 若$\{x_n\}$中无收敛子列,则对$\forall x \in [a,b]$,$x$ 不是$\{x_n\}$中任一子列的极限. 由此可知,$\exists \delta_x > 0$,在$(x-\delta_x, x+\delta_x)$中至多含有$\{x_n\}$中的有限项. 于是,得一满足上述条件的开区间族$H=\{(x-\delta_x, x+\delta_x) \mid x \in [a,b]\}$,显然 H 为$[a,b]$的一个开覆盖. 由有限覆盖定理,H 中存在有限个开区间 $H_k = (x_k-\delta_{x_k}, x_k+\delta_{x_k})(k=1,2,\cdots,n)$,$\bigcup\limits_{k=1}^{n} H_k \supset [a,b]$,根据 H_k 的构造性质可知,$\bigcup\limits_{k=1}^{n} H_k$ 中也只含有$\{x_n\}$中的有限项,从而$[a,b]$中也含有$\{x_n\}$的有限项,矛盾,所以结论得证.

9. 证　(1)因 $f(x)$ 在闭区间$[a,b]$上无界,故 $\exists x_1 \in [a,b]$,使得$|f(x_1)|>1$. 同样 $\exists x_2 \in [a,b]$,使得$|f(x_2)| > \max\{2, |f(x_1)|\}$. 如此继续下去,可得$\{x_n\} \subset [a,b]$,满足$|f(x_{n+1})| > \max\{n+1, |f(x_n)|\}$,所以$\lim\limits_{n\to\infty} f(x_n)=\infty$.

(2)由致密性定理知,(1)中的数列$\{x_n\}$存在收敛子列$\{x_{n_k}\}$,记$\lim\limits_{k\to\infty} x_{n_k}=c$,则$c$就是满足要求的点.

10. 证　首先证明存在无穷大的子列.

由$\{x_n\}$无界知,$\forall M$,$\exists x_n$,使$|x_n|>M$. 对于$M_1=1$,$\exists x_{n_1}$,使$|x_{n_1}|>1$;对$M_2=\max\{2, |x_{n_1}|\}$,$\exists x_{n_2}$,使$|x_{n_2}|>M_2$;$\cdots$;对$M_k=\max\{k, |x_{n_{k-1}}|\}$,$\exists x_{n_k}$,使$|x_{n_k}|>M_n$. 如此继续下去得到$\{x_{n_k}\}$,且$|x_{n_k}|>\max\{k, |x_{n_{k-1}}|\}$,$k=1,2,\cdots$,所以$\{x_{n_k}\}$为无穷大量.

其次证明存在收敛子列.

因为$\{x_n\}$非无穷大量,即$\lim\limits_{n\to\infty} x_n \neq \infty$,故 $\exists M>0$,$\forall N$,$\exists n_0>N$,使得$|x_{n_0}| \leqslant M$.

特别地,对于 $N_1=1$,$\exists n_1>1$,使得$|x_{n_1}| \leqslant M$;

对于 $N_2=n_1$,$\exists n_2>n_1$,使得$|x_{n_2}| \leqslant M$;

对于 $N_3=n_2$,$\exists n_3>n_2$,使得$|x_{n_3}| \leqslant M$;

…………

对于 $N_k=n_{k-1}$,$\exists n_k>n_{k-1}$,使得$|x_{n_k}| \leqslant M$.

这样继续下去,可得$\{x_n\}$的一个子列$\{x_{n_k}\}$,满足$|x_{n_k}| \leqslant M$,即$\{x_{n_k}\}$有界. 由致密性定理知,$\{x_{n_k}\}$必有一收敛的子列$\{x_{n_k}^{(1)}\}$.

阶段检测卷　巩固练习 A 卷

一、叙述下列定义

1. 解　$\forall \varepsilon>0$,$\exists N$,当$n>N$时,有$|x_n-a|<\varepsilon$.

2. 解　设函数 $f(x)$ 定义在点 x_0 的某邻域$U(x_0)$内,当给 x_0 一个增量Δx,且 $x_0+\Delta x \in U(x_0)$ 时,相应的得到函数的增量$\Delta y = f(x_0+\Delta x)-f(x_0)$,如果存在常数$A$,使得$\Delta y$能表示成$\Delta y = A\Delta x + o(\Delta x)$,则称 $f(x)$ 在点 x_0 处可微.

3. 解　$\exists \varepsilon_0 > 0, \forall \delta > 0, \exists x_1, x_2 \in X$，虽有 $|x_1 - x_2| < \delta$，但有 $|f(x_1) - f(x_2)| \geqslant \varepsilon_0$.

二、判断题

1. √　2. √　3. √　4. ×　5. ×　6. ×　7. √　8. ×

三、用定义证明

1. 证　$\forall \varepsilon > 0$，由于当 $0 < |x-1| < 1$ 时，有

$$|x^2 - 6x + 5| = |x-1||x-5| \leqslant 5|x-1|,$$

取 $\delta = \min\left\{1, \frac{\varepsilon}{5}\right\}$，则当 $0 < |x-1| < \delta$ 时，有 $|x^2 - 6x + 5| < \varepsilon$，所以

$$\lim_{x \to 1}(x^2 - 6x + 5) = 0.$$

2. 证　$\forall \varepsilon > 0$，由于 $\forall x_1, x_2 \in [0, +\infty)$，有

$$\left|\cos\sqrt{x_2} - \cos\sqrt{x_1}\right| \leqslant \left|\sqrt{x_2} - \sqrt{x_1}\right| \leqslant \sqrt{|x_2 - x_1|},$$

取 $\delta = \varepsilon^2$，$\forall x_1, x_2 \in [0, +\infty)$，当 $|x_1 - x_2| < \delta$ 时，有 $\left|\cos\sqrt{x_2} - \cos\sqrt{x_1}\right| < \varepsilon$，所以函数 $f(x) = \cos\sqrt{x}$ 在 $[0, +\infty)$ 上一致连续.

四、计算题

1. 解　由迫敛性可得 $\lim\limits_{n \to \infty}\left(\frac{1}{\sqrt{n^2 + \pi}} + \frac{1}{\sqrt{n^2 + 2\pi}} + \cdots + \frac{1}{\sqrt{n^2 + n\pi}}\right) = 1$.

2. 解　$$\lim_{x \to 0}\left(\frac{1}{x^2} - \frac{1}{\sin^2 x}\right) = \lim_{x \to 0}\frac{\sin^2 x - x^2}{x^2 \sin^2 x}$$

$$= \lim_{x \to 0}\frac{\sin^2 x - x^2}{x^4} = \lim_{x \to 0}\frac{\sin x + x}{x} \cdot \lim_{x \to 0}\frac{\sin x - x}{x^3} = -\frac{1}{3}.$$

3. 解　$\frac{dy}{dx} = (1 + x^2)^{\arctan x - 1}[\ln(1 + x^2) + 2x\arctan x]$.

4. 解　极大值 $f(1) = \frac{\pi}{4} - \frac{1}{2}\ln 2$.

5. 解　$$\lim_{h \to 0}\frac{f(a+h) - 2f(a) + f(a-h)}{h^2} = \lim_{h \to 0}\frac{f'(a+h) - f'(a-h)}{2h}$$

$$= \frac{1}{2}\lim_{h \to 0}\left(\frac{f'(a+h) - f'(a)}{h} + \frac{f'(a-h) - f'(a)}{-h}\right) = \frac{1}{2}[f''(a) + f''(a)] = f''(a).$$

6. 解　利用实数完备性基本定理的有关知识.

设 $a_n = \left(1 + \frac{1}{n}\right)^n$，$b_n = \left(1 + \frac{1}{n}\right)^{n+1}$ $(n = 1, 2, \cdots)$，则 $\{a_n\}$ 是单调递增的有理数列，$\{b_a\}$ 是单调递减的有理数列，且 $\lim\limits_{n \to \infty} b_n = \lim\limits_{n \to \infty} a_n = e$.

（ⅰ）点集 $\{a_n\}$ 非空有上界，但在有理数集内无上确界；点集 $\{b_n\}$ 非空有下界，但在有理数集内无下确界.

（ⅱ）数列 $\{a_n\}$ 单调递增有上界，但在有理数集内无极限；$\{b_n\}$ 单调递减有下界，但在有理数集内无极限.

（ⅲ）$\{a_n\}$ 是有界无限点集，但在有理数集内无聚点.

(ⅳ) 数列$\{a_n\}$满足 Cauchy 收敛准则条件，但在有理数集内没有极限.

五、证明题

1. **证** 易知$0<a_1\leqslant a_2\leqslant\cdots\leqslant a_n<b_n\leqslant\cdots\leqslant b_1$，所以$\{a_n\}$与$\{b_n\}$的极限都存在，设$\lim\limits_{n\to\infty}a_n=a$，$\lim\limits_{n\to\infty}b_n=b$，在$b_{n+1}=\dfrac{a_n+b_n}{2}$两边取极限得$a=b$，即$\{a_n\}$与$\{b_n\}$的极限存在且相等.

2. **证** 因为$\lim\limits_{x\to\infty}f(x)=A$，所以$\exists X>0$，当$|x|>X$时，有$|f(x)|\leqslant|A|+1$，又$f(x)\in C[-X,X]$，因而$f(x)$在$[-X,X]$上有界，所以$\exists M_1>0$，$\forall x\in[-X,X]$，有$|f(x)|\leqslant M_1$，取$M=\max\{M_1,|A|+1\}$，则$\forall x\in(-\infty,+\infty)$，有$|f(x)|\leqslant M$，即$f(x)$在$(-\infty,+\infty)$有界.

3. **证** 对函数$f(x)$以及$\ln x$在$[a,b]$上应用柯西中值定理即可.

4. **证** (必要性)$\forall\varepsilon>0$，设$\lim\limits_{x\to x_0^+}f(x)=A$，则$\exists\delta>0$，只要$0<x-x_0<\delta$，就有$|f(x)-A|<\varepsilon$. 因为$\lim\limits_{n\to\infty}x_n=x_0$，故对于上述$\delta>0$，必$\exists N$，使当$n>N$时，有$|x_n-x_0|<\delta$，由于$\{x_n\}\subset U^\circ_+(x_0)$，因此，$\forall n>N$，对应的$x_n$必满足$0<x_n-x_0<\delta$，从而有$|f(x_n)-A|<\varepsilon$，即$\lim\limits_{n\to\infty}f(x_n)=A$.

(充分性) 用反证法. 假设$\lim\limits_{x\to x_0^+}f(x)\neq A$，则$\exists\varepsilon_0>0$，$\forall\delta>0$，$\exists x^*$，虽有$0<x^*-x_0<\delta$，但有$|f(x^*)-A|\geqslant\varepsilon_0$，特别地，

对于$\delta_1=1$，$\exists x_1$，虽有$0<x_1-x_0<1$，但有$|f(x_1)-A|\geqslant\varepsilon_0$，且$x_1<x_0$，

对于$\delta_2=\min\left\{\dfrac{1}{2},x_1-x_0\right\}$，$\exists x_2$，虽有$0<x_2-x_0<\delta_2$，但有$|f(x_2)-A|\geqslant\varepsilon_0$，且$x_2<x_1$，

…………

对于$\delta_n=\min\left\{\dfrac{1}{n},x_{n-1}-x_0\right\}$，$\exists x_n$，虽有$0<x_n-x_0<\delta_n$，但有$|f(x_n)-A|\geqslant\varepsilon_0$，且$x_n<x_{n-1}$，

…………

这种做法继续下去，可得数列$\{x_n\}$满足：

(ⅰ)$0<x_n-x_0<\delta_n<\dfrac{1}{n}$，$0<x_n-x_0<\delta_n<x_{n-1}-x_0\ (n=1,2,\cdots)$；

(ⅱ)$|f(x_n)-A|\geqslant\varepsilon_0$；

显然有$\{x_n\}$递减且$\{x_n\}\subset U^\circ_+(x_0)$，$\lim\limits_{n\to\infty}x_n=x_0$，但$\{f(x_n)\}$不以$A$为极限，此与$\lim\limits_{n\to\infty}f(x_n)=A$相矛盾，因而$\lim\limits_{x\to x_0^+}f(x)=A$.

阶段检测卷　优化提高 B 卷

一、叙述下列定义或定理

1. **解** $\forall\varepsilon>0$，$\exists N>0$，$\forall n,m>N$，有$|a_n-a_m|<\varepsilon$.

2. 解　$\forall M \in \mathbf{R}, \exists x_0 \in X$,使得 $f(x_0) < M$.

3. 解　设 $f(x)$ 在 $U_+(x_0)$ 内有定义,若 $\lim\limits_{x \to x_0^+} f(x) = f(x_0)$,则称 $f(x)$ 在 x_0 右连续.

4. 解　$\forall \varepsilon > 0, \exists M > 0, \forall x \in [M, +\infty)$,有 $|f(x) - A| < \varepsilon$.

5. 解　若 $f(x)$ 满足:$f(x) \in C[a,b]$,在(a,b) 内可导,则至少 $\exists \xi \in (a,b)$,使 $f'(\xi) = \dfrac{f(b)-f(a)}{b-a}$.

6. 解　设 f 在 $U^\circ(x_0,\delta)$ 内有定义,则 $\lim\limits_{x \to x_0} f(x)$ 存在的充要条件是:对任何含于 $U^\circ(x_0,\delta)$ 且以 x_0 为极限的数列$\{x_n\}$,$\lim\limits_{n \to \infty} f(x_n)$ 都存在且相等.

二、用定义证明

1. 证　$\forall \varepsilon > 0$,由于当 $|x-1| < 1$ 时,有

$$\left|\frac{x}{2x^2+1} - \frac{1}{3}\right| = \left|\frac{2x^2-3x+1}{3(2x^2+1)}\right| \leqslant |(2x-1)(x-1)| \leqslant 3|x-1|.$$

取 $\delta = \min\{\frac{\varepsilon}{3}, 1\}$,则当 $0 < |x-1| < \delta$ 时,有

$$\left|\frac{x}{2x^2+1} - \frac{1}{3}\right| < \varepsilon.\ \text{故} \lim_{x \to 1} \frac{x}{2x^2+1} = \frac{1}{3}.$$

2. 证　**方法一**　取 $\varepsilon_0 = 3, \forall \delta \in (0,1)$,取 $x_1 = \delta, x_2 = \dfrac{\delta}{2}$,则 $x_1, x_2 \in (0,1)$,$|x_1 - x_2| < \delta$,但有

$$|f(x_1) - f(x_2)| = \left|\frac{1}{\delta^2} - \frac{4}{\delta^2}\right| = \frac{3}{\delta^2} > 3 = \varepsilon_0,$$

故函数 $f(x) = \dfrac{1}{x^2}$ 在$(0,1]$ 上不一致连续.

方法二　取 $x_n = \dfrac{1}{\sqrt{n}}, y_n = \dfrac{1}{\sqrt{n+2}}$,则 $x_n, y_n \in (0,1)$,且 $|x_n - y_n| \to 0 (n \to \infty)$,但 $|f(x_n) - f(y_n)| = 2 \nrightarrow 0 (n \to \infty)$. 故函数 $f(x) = \dfrac{1}{x^2}$ 在$(0,1]$ 上不一致连续.

三、解答题

1. 解　$\lim\limits_{n \to \infty} a_n = 0$.

2. 解　$\mathrm{d}y = (\cos x \mathrm{e}^{\sin x} \ln \sqrt{1+x^2} + \mathrm{e}^{\sin x} \dfrac{x}{1+x^2})\mathrm{d}x$.

3. 解

$$\lim_{x \to 0} \frac{\mathrm{e}^x \sin x - x(1+x)}{x^3} = \lim_{x \to 0} \frac{\left[1 + x + \frac{x^2}{2} + o(x^2)\right]\left[x - \frac{x^3}{3!} + o(x^3)\right] - x(1+x)}{x^3}$$

$$= \lim_{x \to 0} \frac{\frac{x^3}{3} + o(x^3)}{x^3} = \frac{1}{3}.$$

4. 解　$f(x) = \begin{cases} \dfrac{g(x)}{x}, & x \neq 0, \\ 0, & x = 0, \end{cases}$ 且 $g(0) = g'(0) = 0, g''(0) = 6$.

根据导数定义,使用一次洛必达法则,再结合导数定义可得 $f'(0)=3$.

5. **解** 利用定义易证

(1) $D(x)$ 在 $x=0$ 点不连续也不可导;

(2)$xD(x)$ 在 $x=0$ 点连续但不可导;

(3)$x^2D(x)$ 在 $x=0$ 点连续且可导,导数为 0.

6. **解** (1) $\forall x_0\in(0,1)$,有$\frac{1}{x_0}>1$. $\exists n_0\in\mathbf{N}$,有 $n_0<\frac{1}{x_0}\leqslant n_0+1$,所以$\frac{1}{n_0+2}<\frac{1}{n_0+1}\leqslant x_0<\frac{1}{n_0}$,即 $x_0\in\left(\frac{1}{n_0+2},\frac{1}{n_0}\right)\in H$. 故 H 能覆盖$(0,1)$.

(2) 记 $I_k=\left(\frac{1}{k+1},\frac{1}{k}\right)$.

(ⅰ)设从 H 中选出 m 个开区间,分别是 $I_{k_1},I_{k_2},\cdots,I_{k_m}$,令 $k=\max\{k_1,k_2,\cdots,k_m\}$,则并集 $A=I_{k_1}\cup I_{k_2}\cup\cdots\cup I_{k_m}$ 的下确界为$\frac{1}{k_0+2}$,所以$\left(0,\frac{1}{2}\right)$的子集$\left(0,\frac{1}{k_0+2}\right]\not\subset A$,实际上,$\left(0,\frac{1}{k_0+2}\right)\cap A=\varnothing$. 故不能从 H 中选出有限个开区间来覆盖$\left(0,\frac{1}{2}\right)$.

(ⅱ)从 H 中选出 98 个开区间 $I_1,I_2,\cdots,I_{98}$,显然这些开区间覆盖了$\left(\frac{1}{100},1\right)$. 故可以从 H 中选出有限个开区间覆盖$\left(\frac{1}{100},1\right)$.

四、证明题

1. **证** 根据 $f(x)\in C[a,b]$,在(a,b) 内可导,且 $f(a)=0=f(b)$,$\forall\beta\in R$,令 $g(x)=\mathrm{e}^{-\beta x}f(x)$,使用一次罗尔定理可得结论.

2. **证** 设 $f(x)=\ln x,x\in[a,b]$,则由拉格朗日中值定理得 $\exists\xi\in(a,b)$,使 $f(b)-f(a)=f'(\xi)(b-a)=\frac{b-a}{\xi}$, 放缩不等式即得结论.

3. **证** (1)$\inf S=0$.

(ⅰ)$\forall x\in S,x\geqslant 0$;

(ⅱ)$\forall\alpha>0$,由$\lim\limits_{n\to\infty}\frac{1}{n}=0$,知 $\exists\ \frac{1}{n_0}<\alpha$,

故 $\inf S=0$.

(2)$\sup S=2$.

(ⅰ)$\forall x\in S,x\leqslant 2$;

(ⅱ)$\forall\alpha<2,\exists x_0=2\in S$,满足 $\alpha<x_0$,

故 $\sup S=2$.

4. **证** (1) 设 $\forall x_0\in(a,b),0<h_1<h_2$,则对 $x_0<x_0+h_1<x_0+h_2$,根据凸函数的充要条件有

$$\frac{f(x_0+h_1)-f(x_0)}{h_1}\leqslant\frac{f(x_0+h_2)-f(x_0)}{h_2}.$$

令 $F(h)=\dfrac{f(x_0+h)-f(x_0)}{h}$，有 $F(h_1)\leqslant F(h_2)$. 根据该函数的单调性，任取 $x'\in(a,x_0)$，$\forall h>0, x_0+h\in(a,b)$，有

$$\frac{f(x_0)-f(x')}{x_0-x'}\leqslant\frac{f(x_0+h)-f(x_0)}{h}=F(h),$$

不等式左端为一定数，因而函数 $F(h)=\dfrac{f(x_0+h)-f(x_0)}{h}$ 在 $h\geqslant 0$ 上有下界，再由单调性知 $\lim\limits_{h\to 0}F(h)=\dfrac{f(x_0+h)-f(x_0)}{h}=f'_+(x_0)$ 存在.

同理，左导数也存在. 证毕.

(2)(ⅰ) $\forall[A,B]\subset(a,b)$，$\forall x\in[A,B]$，$\exists\alpha\in[0,1]$，使得 $x=\alpha A+(1-\alpha)B$，故有

$$\begin{aligned}f(x)&=f(\alpha A+(1-\alpha)B)\leqslant\alpha f(A)+(1-\alpha)f(B)\\&\leqslant\alpha M+(1-\alpha)M=M,\end{aligned}$$

其中 $M=\max\{f(A),f(B)\}$，即 $f(x)$ 在 $[A,B]$ 上有上界.

(ⅱ) 设 $C=\dfrac{A+B}{2}$，则对 $\forall x\in[A,B]$ 有关于 C 的对称点 $x'\in[A,B]$. 根据凸性，有

$$f(C)\leqslant\frac{f(x)+f(x')}{2}\leqslant\frac{f(x)}{2}+\frac{f(x')}{2}\leqslant\frac{f(x)}{2}+\frac{M}{2}.$$

故有 $f(x)\geqslant 2f(C)-M=m$. 证毕.

(3) 由题设知 $\exists M>0$，使得 $|f(x)|\leqslant M$，$\forall x\in(a,b)$. 对 $\forall x,x_0,x_1$，使得 $x_0<x_1<x$，由凸性知

$$\frac{f(x_1)-f(x_0)}{x_1-x_0}\leqslant\frac{f(x)-f(x_0)}{x-x_0}\leqslant\frac{f(x)-f(x_0)}{x_1-x_0}\leqslant\frac{M-f(x_0)}{x_1-x_0},$$

所以 $\dfrac{f(x)-f(x_0)}{x-x_0}$ 在 $[x_1,b)$ 单调递增有上界，故 $\lim\limits_{x\to b^-}\dfrac{f(x)-f(x_0)}{x-x_0}=A$ 存在，从而

$$\lim_{x\to b^-}f(x)=\lim_{x\to b^-}\left[(x-x_0)\frac{f(x)-f(x_0)}{x-x_0}+f(x_0)\right]=(b-x_0)A+f(x_0).$$

同理可证 $\lim\limits_{x\to a^+}f(x)$ 存在.

容易证明 $f(x)$ 在 (a,b) 内一致连续.

第八章　不定积分　巩固练习 A 卷

一、填空题

1. $f(x)+C$　2. $f(x)\mathrm{d}x$　3. $\dfrac{2}{3}x\sqrt{x}+2\sqrt{x}+C$　4. $\dfrac{1}{2}(\arctan x)^2+C$

5. $\dfrac{1}{5}x^5-\dfrac{1}{4}x^4+\dfrac{1}{3}x^3-\dfrac{1}{2}x^2+x-\ln|1+x|+C$

二、计算题

1. 解　**方法一**　设 $1-x=t$，则 $x=1-t$，$\mathrm{d}x=-\mathrm{d}t$，从而

$$\int x^2\sqrt[3]{1-x}\,\mathrm{d}x=-\int(1-t)^2t^{\frac{1}{3}}\mathrm{d}t=-\int(t^{\frac{1}{3}}-2t^{\frac{4}{3}}+t^{\frac{7}{3}})\mathrm{d}t=-\frac{3}{4}t^{\frac{4}{3}}+\frac{6}{7}t^{\frac{7}{3}}-\frac{3}{10}t^{\frac{10}{3}}+C$$

$$=-\frac{3}{140}(9+12x+14x^2)(1-x)^{\frac{4}{3}}+C.$$

方法二 设$\sqrt[3]{1-x}=t$,则$x=1-t^3$,$\mathrm{d}x=-3t^2\mathrm{d}t$,从而

$$\int x^2\sqrt[3]{1-x}\,\mathrm{d}x=\int(1-t^3)^2t(-3t^2)\mathrm{d}t=-3\int(1-t^3)^2t^3\mathrm{d}t$$

$$=-3\int(t^3-2t^6+t^9)\mathrm{d}t=-\frac{3}{4}t^4+\frac{6}{7}t^7-\frac{3}{10}t^{10}+C$$

$$=-\frac{3}{140}(9+12x+14x^2)(1-x)^{\frac{4}{3}}+C.$$

2. 解 $\displaystyle\int\left(\frac{\ln x}{x}\right)^2\mathrm{d}x=-\int\ln^2x\,\mathrm{d}\left(\frac{1}{x}\right)=-\frac{\ln^2x}{x}+\int\frac{1}{x}\cdot2\ln x\frac{1}{x}\mathrm{d}x=-\frac{\ln^2x}{x}-2\int\ln x\,\mathrm{d}\left(\frac{1}{x}\right)$

$$=-\frac{\ln^2x}{x}-\frac{2\ln x}{x}+2\int\frac{1}{x}\cdot\frac{1}{x}\mathrm{d}x=-\frac{\ln^2x+2\ln x+2}{x}+C.$$

3. 解 $\displaystyle\int\frac{x\mathrm{d}x}{\sqrt{5+x-x^2}}=\int\frac{\left(x-\frac{1}{2}\right)+\frac{1}{2}}{\sqrt{\frac{21}{4}-\left(x-\frac{1}{2}\right)^2}}\mathrm{d}x$

$$=-\frac{1}{2}\int\frac{\mathrm{d}\left[\frac{21}{4}-\left(x-\frac{1}{2}\right)^2\right]}{\sqrt{\frac{21}{4}-\left(x-\frac{1}{2}\right)^2}}+\frac{1}{2}\int\frac{\mathrm{d}\left(x-\frac{1}{2}\right)}{\sqrt{\frac{21}{4}-\left(x-\frac{1}{2}\right)^2}}$$

$$=-\sqrt{5+x-x^2}+\frac{1}{2}\arcsin\frac{2x-1}{\sqrt{21}}+C.$$

4. 解 设$\dfrac{1}{x^3+1}=\dfrac{A}{x+1}+\dfrac{Bx+C}{x^2-x+1}$,通分后应有

$$1\equiv A(x^2-x+1)+(Bx+C)(x+1).$$

整理可得

$$1\equiv(A+B)x^2+(-A+B+C)x+(A+C),$$

比较等式两端x的同次幂系数,得

$$\begin{cases}A+B=0,\\-A+B+C=0,\\A+C=1,\end{cases}$$

解得$A=\dfrac{1}{3}$,$B=-\dfrac{1}{3}$,$C=\dfrac{2}{3}$. 于是

$$\int\frac{\mathrm{d}x}{x^3+1}=\int\left[\frac{1}{3(x+1)}-\frac{x-2}{3(x^2-x+1)}\right]\mathrm{d}x$$

$$=\frac{1}{3}\int\frac{\mathrm{d}x}{x+1}-\frac{1}{6}\int\frac{2x-1}{x^2-x+1}\mathrm{d}x+\frac{1}{2}\int\frac{\mathrm{d}\left(x-\frac{1}{2}\right)}{\left(x-\frac{1}{2}\right)^2+\frac{3}{4}}$$

$$=\frac{1}{6}\ln\frac{(x+1)^2}{x^2-x+1}+\frac{1}{\sqrt{3}}\arctan\frac{2x-1}{\sqrt{3}}+C.$$

5. 解 $\int\frac{x^4-3}{x(x^8+3x^4+2)}\mathrm{d}x=\int\frac{\left(1-\frac{3}{x^4}\right)\mathrm{d}x}{x^5\left(1+\frac{3}{x^4}+\frac{2}{x^8}\right)}=\int\frac{-\frac{1}{4}\left(1-\frac{3}{x^4}\right)\mathrm{d}\left(\frac{1}{x^4}\right)}{\frac{2}{x^8}+\frac{3}{x^4}+1}$

$$=-\frac{1}{4}\int\left(\frac{5}{\frac{2}{x^4}+1}-\frac{4}{\frac{1}{x^4}+1}\right)\mathrm{d}\left(\frac{1}{x^4}\right)$$

$$=-\frac{5}{8}\ln\left(\frac{2}{x^4}+1\right)+\ln\left(\frac{1}{x^4}+1\right)+C$$

$$=\frac{5}{8}\ln\frac{x^4}{x^4+2}-\ln\frac{x^4}{x^4+1}+C.$$

6. 解 设 $\sqrt[6]{x+1}=t$，则 $x=t^6-1,\mathrm{d}x=6t^5\mathrm{d}t$，代入得

$$\int\frac{1-\sqrt{x+1}}{1+\sqrt[3]{x+1}}\mathrm{d}x=6\int\frac{t^5(1-t^3)}{1+t^2}\mathrm{d}t=6\int\left(-t^6+t^4+t^3-t^2-t+1+\frac{t-1}{1+t^2}\right)\mathrm{d}t$$

$$=-\frac{6}{7}t^7+\frac{6}{5}t^5+\frac{3}{2}t^4-2t^3-3t^2+6t+3\ln(1+t^2)-6\arctan t+C,$$

其中 $t=\sqrt[6]{x+1}$.

7. 解 设 $\sqrt{x^2+x+1}=z-x$，则 $x=\frac{z^2-1}{1+2z},\mathrm{d}x=\frac{2(z^2+z+1)}{(1+2z)^2}\mathrm{d}z,\sqrt{x^2+x+1}=\frac{z^2+z+1}{1+2z}$，代入得

$$\int\frac{\mathrm{d}x}{x+\sqrt{x^2+x+1}}=\frac{1}{2}\int\frac{z^2+z+1}{z\left(z+\frac{1}{2}\right)^2}\mathrm{d}z=\frac{1}{2}\int\left[\frac{4}{z}-\frac{3}{z+\frac{1}{2}}-\frac{3}{2\left(z+\frac{1}{2}\right)^2}\right]\mathrm{d}z$$

$$=\frac{1}{2}\ln\frac{z^4}{\left|z+\frac{1}{2}\right|^3}+\frac{3}{4\left(z+\frac{1}{2}\right)}+C_1$$

$$=\frac{1}{2}\ln\frac{z^4}{|2z+1|^3}+\frac{3}{2(2z+1)}+C,$$

其中 $z=x+\sqrt{x^2+x+1}$.

8. 解 $\int\ln^2(x+\sqrt{1+x^2})\mathrm{d}x$

$$=x\ln^2(x+\sqrt{1+x^2})-2\int\frac{x}{\sqrt{1+x^2}}\ln(x+\sqrt{1+x^2})\mathrm{d}x$$

$$=x\ln^2(x+\sqrt{1+x^2})-2\int\ln(x+\sqrt{1+x^2})\mathrm{d}(\sqrt{1+x^2})$$

$$=x\ln^2(x+\sqrt{1+x^2})-2\sqrt{1+x^2}\ln(x+\sqrt{1+x^2})+2\int\mathrm{d}x$$

$$=x\ln^2(x+\sqrt{1+x^2})-2\sqrt{1+x^2}\ln(x+\sqrt{1+x^2})+2x+C.$$

9. 解 $\int x\ln(4+x^4)\mathrm{d}x=\frac{1}{2}\int\ln(4+x^4)\mathrm{d}(x^2)=\frac{1}{2}x^2\ln(4+x^4)-2\int\frac{x^5}{4+x^4}\mathrm{d}x$

$$=\frac{1}{2}x^2\ln(4+x^4)-2\int\left(x-\frac{4x}{4+x^4}\right)\mathrm{d}x$$

$$=\frac{1}{2}x^2\ln(4+x^4)-x^2+2\arctan\frac{x^2}{2}+C.$$

10. 解 $\int\frac{x\arctan x}{\sqrt{1+x^2}}\mathrm{d}x=\int\arctan x\mathrm{d}(\sqrt{1+x^2})=\sqrt{1+x^2}\arctan x-\int\frac{\mathrm{d}x}{\sqrt{1+x^2}}$

$$=\sqrt{1+x^2}\arctan x-\ln(x+\sqrt{1+x^2})+C.$$

第八章　不定积分　优化提高B卷

一、判断题

1. × 2. × 3. √ 4. × 5. ×

二、计算题

1. 解 因为

$$1+x^4+x^8=(x^4+1)^2-x^4=(x^4+x^2+1)(x^4-x^2+1),$$

$$x^4+x^2+1=(x^2+1)^2-x^2=(x^2+x+1)(x^2-x+1),$$

$$x^4-x^2+1=(x^2+1)^2-3x^3=(x^2+\sqrt{3}x+1)(x^2-\sqrt{3}x+1),$$

所以

$$\frac{1}{1+x^4+x^8}=\frac{1}{2}\left(\frac{x^2+1}{x^4+x^2+1}-\frac{x^2-1}{x^4-x^2+1}\right),$$

$$\frac{x^2+1}{x^4+x^2+1}=\frac{1}{2}\left(\frac{1}{x^2+x+1}+\frac{1}{x^2-x+1}\right),$$

$$\frac{x^2-1}{x^4-x^2+1}=\frac{-\frac{1}{\sqrt{3}}x-\frac{1}{2}}{x^2+\sqrt{3}x+1}+\frac{\frac{1}{\sqrt{3}}x-\frac{1}{2}}{x^2-\sqrt{3}x+1}.$$

于是

$$\int\frac{\mathrm{d}x}{1+x^4+x^8}$$

$$=\frac{1}{4}\int\frac{\mathrm{d}x}{x^2+x+1}+\frac{1}{4}\int\frac{\mathrm{d}x}{x^2-x+1}+\frac{1}{4\sqrt{3}}\int\frac{2x+\sqrt{3}}{x^2+\sqrt{3}x+1}\mathrm{d}x-\frac{1}{4\sqrt{3}}\int\frac{2x-\sqrt{3}}{x^2-\sqrt{3}x+1}\mathrm{d}x$$

$$=\frac{1}{2\sqrt{3}}\left(\arctan\frac{2x+1}{\sqrt{3}}+\arctan\frac{2x-1}{\sqrt{3}}\right)+\frac{1}{4\sqrt{3}}[\ln(x^2+\sqrt{3}x+1)-\ln(x^2-\sqrt{3}x+1)]+C$$

$$=\frac{1}{2\sqrt{3}}\arctan\frac{\sqrt{3}x}{1-x^2}+\frac{1}{4\sqrt{3}}\ln\frac{x^2+\sqrt{3}x+1}{x^2-\sqrt{3}x+1}+C.$$

2. 解　当 $x>0$ 时，

$$\int\frac{(1+x)\mathrm{d}x}{x+\sqrt{x+x^2}}=\int\frac{(1+x)(x-\sqrt{x+x^2})}{(x+\sqrt{x+x^2})(x-\sqrt{x+x^2})}\mathrm{d}x$$

$$=\int\frac{x+x^2-\sqrt{x+x^2}-x\sqrt{x+x^2}}{-x}\mathrm{d}x$$

$$=-x-\frac{1}{2}x^2+\int\frac{\sqrt{1+x}}{\sqrt{x}}\mathrm{d}x+\int\sqrt{x+x^2}\,\mathrm{d}x$$

$$=-x-\frac{1}{2}x^2+2\int\sqrt{1+(\sqrt{x})^2}\,\mathrm{d}(\sqrt{x})+\int\sqrt{\left(x+\frac{1}{2}\right)^2-\left(\frac{1}{2}\right)^2}\,\mathrm{d}\left(x+\frac{1}{2}\right)$$

$$=-x-\frac{1}{2}x^2+\sqrt{x}\sqrt{1+x}+\ln(\sqrt{x}+\sqrt{1+x})+\frac{2x+1}{4}\sqrt{x+x^2}-\frac{1}{8}\ln\left(x+\frac{1}{2}+\sqrt{x+x^2}\right)+C_1$$

$$=-x-\frac{1}{2}x^2+\frac{5+2x}{4}\sqrt{x+x^2}+\frac{1}{2}\ln(2x+1+2\sqrt{x+x^2})-\frac{1}{8}\ln\left(x+\frac{1}{2}+\sqrt{x+x^2}\right)+C_1$$

$$=-x-\frac{1}{2}x^2+\frac{5+2x}{4}\sqrt{x+x^2}+\frac{3}{8}\ln(2x+1+2\sqrt{x+x^2})+C_1$$

$$=-\frac{1}{2}(x+1)^2+\frac{5+2x}{4}\sqrt{x+x^2}+\frac{3}{8}\ln\left(x+\frac{1}{2}+\sqrt{x+x^2}\right)+C.$$

当 $x<-1$ 时，同样可获得上述结果，但要注意在对数中要加绝对值.

3. 解　$\displaystyle\int\frac{x^4\arctan x}{1+x^2}\mathrm{d}x$

$$=\int\left(x^2-1+\frac{1}{x^2+1}\right)\arctan x\mathrm{d}x$$

$$=\frac{1}{3}\int\arctan x\mathrm{d}(x^3)-\int\arctan x\mathrm{d}x+\int\arctan x\mathrm{d}(\arctan x)$$

$$=\frac{1}{3}x^3\arctan x-\frac{1}{3}\int\frac{x^3\mathrm{d}x}{1+x^2}-x\arctan x+\int\frac{x\mathrm{d}x}{1+x^2}+\frac{1}{2}(\arctan x)^2$$

$$=\frac{1}{3}x^3\arctan x-\frac{1}{3}\int\left(x-\frac{x}{1+x^2}\right)\mathrm{d}x-x\arctan x+\frac{1}{2}\ln(1+x^2)+\frac{1}{2}(\arctan x)^2$$

$$=\frac{1}{3}x^3\arctan x-\frac{1}{6}x^2+\frac{1}{6}\ln(1+x^2)-x\arctan x+\frac{1}{2}\ln(1+x^2)+\frac{1}{2}(\arctan x)^2+C$$

$$=-\frac{1}{6}x^2-\left(x-\frac{x^3}{3}\right)\arctan x+\frac{1}{2}(\arctan x)^2+\frac{2}{3}\ln(1+x^2)+C.$$

4. 解　由于 $\max\{1,x^2\}=\begin{cases}x^2, & x<-1,\\ 1, & -1\leqslant x\leqslant 1,\\ x^2, & x>1,\end{cases}$ 所以

$$\int \max\{1,x^2\}\mathrm{d}x=\begin{cases}\frac{1}{3}x^3+C, & x<-1,\\ x+C_1, & -1\leqslant x\leqslant 1,\\ \frac{1}{3}x^3+C_2, & x>1.\end{cases}$$

由原函数在 $x=-1$ 及 $x=1$ 处连续,有 $-\frac{1}{3}+C=-1+C_1, 1+C_1=\frac{1}{3}+C_2$,即

$$C_1=C+\frac{2}{3}, C_2=C+\frac{4}{3}.$$

故

$$\int \max\{1,x^2\}\mathrm{d}x=\begin{cases}\frac{1}{3}x^3+C, & x<-1,\\ x+C+\frac{2}{3}, & -1\leqslant x\leqslant 1,\\ \frac{1}{3}x^3+C+\frac{4}{3}, & x>1.\end{cases}$$

5. 解　记所求不定积分为 I,那么

$$I=2\int x\mathrm{d}(\sqrt{\mathrm{e}^x+1})=2x\sqrt{\mathrm{e}^x+1}-2\int\sqrt{\mathrm{e}^x+1}\,\mathrm{d}x.$$

令 $\sqrt{\mathrm{e}^x+1}=t$,即 $x=\ln(t^2-1)$,则

$$\int\sqrt{\mathrm{e}^x+1}\,\mathrm{d}x=\int\frac{t\cdot 2t}{t^2-1}\mathrm{d}t=2\int\frac{(t^2-1)+1}{t^2-1}\mathrm{d}t=2t+\ln\left|\frac{t-1}{t+1}\right|+C$$

$$=2\sqrt{\mathrm{e}^x+1}+\ln\frac{\sqrt{\mathrm{e}^x+1}-1}{\sqrt{\mathrm{e}^x+1}+1}+C.$$

因此

$$I=2x\sqrt{\mathrm{e}^x+1}-4\sqrt{\mathrm{e}^x+1}-2\ln\frac{\sqrt{\mathrm{e}^x+1}-1}{\sqrt{\mathrm{e}^x+1}+1}+C$$

$$=2(x-2)\sqrt{\mathrm{e}^x+1}-2\ln\frac{\sqrt{\mathrm{e}^x+1}-1}{\sqrt{\mathrm{e}^x+1}+1}+C.$$

6. 解　记所求不定积分为 I,则

$$I=-\int\arccos x\,\mathrm{d}\left(\frac{1}{x}\right)=-\frac{1}{x}\arccos x-\int\frac{\mathrm{d}x}{x\sqrt{1-x^2}}.$$

令 $x=\sin t$,可得

$$\int\frac{\mathrm{d}x}{x\sqrt{1-x^2}}=\int\frac{\cos t}{\sin t\cos t}\mathrm{d}t=\int\csc t\mathrm{d}t=\int\frac{\csc t(\csc t+\cot t)}{\csc t+\cot t}\mathrm{d}t$$

$$=-\int\frac{\mathrm{d}(\csc t+\cot t)}{\csc t+\cot t}=-\ln|\csc t+\cot t|+C$$

$$=-\ln\left|\frac{1}{x}+\frac{\sqrt{1-x^2}}{x}\right|+C$$

$$=-\ln(1+\sqrt{1-x^2})+\ln|x|+C.$$

因此

$$I=-\frac{1}{x}\arccos x+\ln(1+\sqrt{1-x^2})-\ln|x|+C.$$

7.解　利用分部积分公式，有

$$\begin{aligned}\int x\ln\frac{1+x}{1-x}\mathrm{d}x&=\frac{1}{2}\int\ln\frac{1+x}{1-x}\mathrm{d}(x^2)=\frac{1}{2}x^2\ln\frac{1+x}{1-x}-\frac{1}{2}\int x^2\left(\frac{1}{1+x}+\frac{1}{1-x}\right)\mathrm{d}x\\&=\frac{1}{2}x^2\ln\frac{1+x}{1-x}-\frac{1}{2}\int\left(\frac{1}{1+x}+\frac{1}{1-x}-2\right)\mathrm{d}x\\&=\frac{1}{2}x^2\ln\frac{1+x}{1-x}-\frac{1}{2}\ln\frac{1+x}{1-x}+x+C\\&=\frac{1}{2}(x^2-1)\ln\frac{1+x}{1-x}+x+C.\end{aligned}$$

8.解　由于 $x^2-7x+12=(x-3)(x-4)$，所以可设

$$\frac{x-2}{x^2-7x+12}=\frac{A}{x-3}+\frac{B}{x-4}=\frac{A(x-4)+B(x-3)}{x^2-7x+12}.$$

由分子对应系数相等可得

$$A+B=1,-4A-3B=-2.$$

解得 $A=-1,B=2$，于是

$$\int\frac{x-2}{x^2-7x+12}\mathrm{d}x=\int\left(-\frac{1}{x-3}+\frac{2}{x-4}\right)\mathrm{d}x=-\ln|x-3|+2\ln|x-4|+C.$$

9.解　利用部分积分公式，有

$$\begin{aligned}\int\frac{\mathrm{e}^x(x^2-2x-1)}{(x^2-1)^2}\mathrm{d}x&=\int\frac{\mathrm{e}^x}{x^2-1}\mathrm{d}x-\int\frac{2x\mathrm{e}^x}{(x^2-1)^2}\mathrm{d}x\\&=\int\frac{\mathrm{e}^x}{x^2-1}\mathrm{d}x-\int\frac{\mathrm{e}^x}{(x^2-1)^2}\mathrm{d}(x^2-1)\\&=\int\frac{\mathrm{e}^x}{x^2-1}\mathrm{d}x+\int\mathrm{e}^x\mathrm{d}\left(\frac{1}{x^2-1}\right)\\&=\int\frac{\mathrm{e}^x}{x^2-1}\mathrm{d}x+\frac{\mathrm{e}^x}{x^2-1}-\int\frac{\mathrm{e}^x}{x^2-1}\mathrm{d}x\\&=\frac{\mathrm{e}^x}{x^2-1}+C.\end{aligned}$$

第九章　定积分　巩固练习A卷

一、填空题

1. $\frac{\pi}{3}$　2. 1　3. $\frac{1}{2}$　4. $\frac{\pi a^4}{16}$　5. $\frac{\pi^2}{4}$

二、计算题

1.解　方法一　$\lim\limits_{n\to\infty}\frac{1}{n}\left[\sin\frac{\pi}{n}+\sin\frac{2\pi}{n}+\cdots+\sin\frac{(n-1)}{n}\pi\right]$

$$=\lim_{n\to\infty}\frac{1}{n}\left[\sin\frac{\pi}{n}+\sin\frac{2\pi}{n}+\cdots+\sin\frac{(n-1)}{n}\pi+\sin\frac{n}{n}\pi\right]$$

$$=\lim_{n\to\infty}\sum_{i=1}^{n}\frac{1}{n}\sin\frac{i\pi}{n}=\int_0^1\sin\pi x\mathrm{d}x=-\frac{1}{\pi}\cos\pi x\Big|_0^1=\frac{2}{\pi}.$$

方法二

$$\lim_{n\to\infty}\sum_{i=1}^{n}\frac{1}{n}\sin\frac{i\pi}{n}=\frac{1}{\pi}\lim_{n\to\infty}\sum_{i=1}^{n}\frac{\pi}{n}\sin\frac{i\pi}{n}=\frac{1}{\pi}\int_0^{\pi}\sin x\mathrm{d}x=-\frac{1}{\pi}\cos\pi x\Big|_0^1=\frac{2}{\pi}.$$

2. **解** 首先注意到$\sqrt{1-\cos 2x}=\sqrt{2\sin^2x}=\sqrt{2}\,|\sin x|$，而$|\sin x|$以$\pi$为周期，因此

$$\int_0^{2\,024\pi}\sqrt{1-\cos 2x}\mathrm{d}x=\sqrt{2}\int_0^{2\,024\pi}|\sin x|\mathrm{d}x=2\,024\sqrt{2}\int_0^{\pi}\sin x\mathrm{d}x=4\,048\sqrt{2}.$$

3. **解** 记所求定积分为I，注意到$\frac{1}{1+\cos^2x}$为偶函数，而$\frac{\sin 3x}{1+\cos^2x}$为奇函数，因此

$$I=\int_{-\frac{\pi}{2}}^{\frac{\pi}{2}}\frac{1}{1+\cos^2x}\mathrm{d}x+\int_{-\frac{\pi}{2}}^{\frac{\pi}{2}}\frac{\sin 3x}{1+\cos^2x}\mathrm{d}x=2\int_0^{\frac{\pi}{2}}\frac{1}{1+\cos^2x}\mathrm{d}x$$

$$=2\int_0^{\frac{\pi}{2}}\frac{\sec^2x}{\sec^2x+1}\mathrm{d}x=2\int_0^{\frac{\pi}{2}}\frac{\mathrm{d}(\tan x)}{\tan^2x+2}=\sqrt{2}\arctan\frac{\tan x}{\sqrt{2}}\Big|_0^{\frac{\pi}{2}}=\frac{\sqrt{2}}{2}\pi.$$

4. **解** 记所求定积分为I，注意到$1+\cos 2x=2\cos^2x$，因此

$$I=\int_0^{\frac{\pi}{4}}\frac{x}{2\cos^2x}\mathrm{d}x=\frac{1}{2}\int_0^{\frac{\pi}{4}}x\sec^2x\mathrm{d}x=\frac{1}{2}\int_0^{\frac{\pi}{4}}x\mathrm{d}(\tan x)$$

$$=\frac{1}{2}x\tan x\Big|_0^{\frac{\pi}{4}}-\frac{1}{2}\int_0^{\frac{\pi}{4}}\tan x\mathrm{d}x=\frac{\pi}{8}+\frac{1}{2}\ln\cos x\Big|_0^{\frac{\pi}{4}}=\frac{1}{8}(\pi-2\ln 2).$$

5. **解**

$$\int_0^{\pi}\sin^{n-1}x\cos(n+1)x\mathrm{d}x=\int_0^{\pi}\sin^{n-1}x(\cos nx\cos x-\sin nx\sin x)\mathrm{d}x$$

$$=\int_0^{\pi}\sin^{n-1}x\cos nx\,\mathrm{d}(\sin x)-\int_0^{\pi}\sin^nx\sin nx\,\mathrm{d}x$$

$$=\frac{1}{n}\int_0^{\pi}\cos nx\,\mathrm{d}(\sin^nx)-\int_0^{\pi}\sin^nx\sin nx\,\mathrm{d}x$$

$$=\frac{\sin^nx\cos nx}{n}\Big|_0^{\pi}-\frac{1}{n}\int_0^{\pi}\sin^nx\,\mathrm{d}(\cos nx)-\int_0^{\pi}\sin^nx\sin nx\,\mathrm{d}x$$

$$=0.$$

三、证明题

1. **证** 因为$f(x)$及$\varphi(x)$均在$[a,b]$上连续，所以$f(x)\varphi(x)$在$[a,b]$上连续. 因此，积分

$$\int_a^bf(x)\varphi(x)\mathrm{d}x=\lim_{\|T\|\to0}\sum_{i=1}^{n}f(\xi_i)\varphi(\xi_i)\Delta x_i \qquad ①$$

存在. 由于$f(x)$在$[a,b]$连续，故有界，即$\exists M>0,\forall x\in[a,b]$，有$|f(x)|\leqslant M$；又由于$\varphi(x)$在$[a,b]$连续，故$\varphi(x)$在$[a,b]$上一致连续，因此$\forall\varepsilon>0,\exists\delta>0$，当$\|T\|=\max\{\Delta x_i\}<\delta$时，有

$$|\varphi(\theta_i)-\varphi(\xi_i)|<\frac{\varepsilon}{M(b-a)}(i=1,2,\cdots,n).$$

从而当$\|T\|=\max\{\Delta x_i\}<\delta$时，有

$$\left|\sum_{i=1}^{n}[f(\xi_i)\varphi(\theta_i)-f(\xi_i)\varphi(\xi_i)]\Delta x_i\right|\leqslant\sum_{i=1}^{n}|f(\xi_i)|\cdot|\varphi(\theta_i)-\varphi(\xi_i)|\cdot\Delta x_i$$

$$<\sum_{i=1}^{n}\left[M\cdot\frac{\varepsilon}{M(b-a)}\cdot\Delta x_i\right]=\varepsilon.$$

由此可知

$$\lim_{\|T\|\to 0}\sum_{i=1}^{n}[f(\xi_i)\varphi(\theta_i)-f(\xi_i)\varphi(\xi_i)]\Delta x_i=0. \qquad ②$$

由 ① 式和 ② 式,可得$\int_a^b f(x)\varphi(x)\mathrm{d}x=\lim\limits_{\|T\|\to 0}\sum\limits_{i=1}^{n}f(\xi_i)\varphi(\theta_i)\Delta x_i$.

2. **证**　**方法一**　由于$\int_a^b[\varphi(x)+\lambda\psi(x)]^2\mathrm{d}x\geqslant 0$,即

$$\lambda^2\int_a^b\psi^2(x)\mathrm{d}x+2\lambda\int_a^b\varphi(x)\psi(x)\mathrm{d}x+\int_a^b\varphi^2(x)\mathrm{d}x\geqslant 0,$$

左边是关于变量λ的二次三项式. 于是,其判别式

$$\left[2\int_a^b\varphi(x)\psi(x)\mathrm{d}x\right]^2-4\int_a^b\varphi^2(x)\mathrm{d}x\int_a^b\psi^2(x)\mathrm{d}x\leqslant 0,$$

即

$$\left[\int_a^b\varphi(x)\psi(x)\mathrm{d}x\right]^2\leqslant\int_a^b\varphi^2(x)\mathrm{d}x\int_a^b\psi^2(x)\mathrm{d}x.$$

方法二

$$I=\int_a^b\varphi^2(x)\mathrm{d}x\int_a^b\psi^2(x)\mathrm{d}x-\left[\int_a^b\varphi(x)\psi(x)\mathrm{d}x\right]^2$$

$$=\int_a^b\varphi^2(x)\mathrm{d}x\int_a^b\psi^2(y)\mathrm{d}y-\int_a^b\varphi(x)\psi(x)\mathrm{d}x\int_a^b\varphi(y)\psi(y)\mathrm{d}y$$

$$=\iint_D\varphi^2(x)\psi^2(y)\mathrm{d}x\mathrm{d}y-\iint_D\varphi(x)\psi(x)\varphi(y)\psi(y)\mathrm{d}x\mathrm{d}y$$

$$=\iint_D[\varphi^2(x)\psi^2(y)-\varphi(x)\psi(x)\varphi(y)\psi(y)]\mathrm{d}x\mathrm{d}y,$$

同理可得

$$I=\iint_D[\varphi^2(y)\psi^2(x)-\varphi(y)\psi(y)\varphi(x)\psi(x)]\mathrm{d}x\mathrm{d}y,$$

两式相加可得

$$I=\iint_D[\varphi(y)\psi(x)-\varphi(x)\psi(y)]^2\mathrm{d}x\mathrm{d}y\geqslant 0,$$

故$\left[\int_a^b\varphi(x)\psi(x)\mathrm{d}x\right]^2\leqslant\int_a^b\varphi^2(x)\mathrm{d}x\int_a^b\psi^2(x)\mathrm{d}x$.

第九章　定积分　优化提高B卷

一、判断题

1. ×　2. ×　3. ×　4. √　5. ×

二、计算题

1. 解 $\left[\cos\left(\ln\frac{1}{x}\right)\right]'=\frac{\sin(-\ln x)}{x}$. 设 $x=e^{-t}$,则

$$dx=-e^{-t}dt,\frac{\sin(-\ln x)}{x}=\frac{\sin t}{e^{-t}}=e^{t}\sin t.$$

代入得

$$\int_{e^{-2n\pi}}^{1}\left|\left[\cos\left(\ln\frac{1}{x}\right)\right]'\right|dx=\int_{0}^{2n\pi}|\sin t|dt=2n\int_{0}^{\pi}\sin t dt=4n.$$

2. 解 $\int_0^{2\pi}\frac{dx}{(2+\cos x)(3+\cos x)}=\int_0^{2\pi}\frac{dx}{2+\cos x}-\int_0^{2\pi}\frac{dx}{3+\cos x}$

$$=\int_0^{\pi}\frac{dx}{2+\cos x}+\int_0^{\pi}\frac{dx}{2-\cos x}-\int_0^{\pi}\frac{dx}{3+\cos x}-\int_0^{\pi}\frac{dx}{3-\cos x}$$

$$=4\int_0^{\pi}\frac{dx}{4-\cos^2 x}-6\int_0^{\pi}\frac{dx}{9-\cos^2 x}=8\int_0^{\frac{\pi}{2}}\frac{dx}{4\sin^2 x+3\cos^2 x}-12\int_0^{\frac{\pi}{2}}\frac{dx}{9\sin^2 x+8\cos^2 x}$$

$$=8\cdot\frac{1}{2\sqrt{3}}\arctan\frac{2\tan x}{\sqrt{3}}\Big|_0^{\frac{\pi}{2}}-12\cdot\frac{1}{3\sqrt{8}}\arctan\frac{3\tan x}{\sqrt{8}}\Big|_0^{\frac{\pi}{2}}=\pi\left(\frac{2}{\sqrt{3}}-\frac{1}{\sqrt{2}}\right).$$

3. 解 $\mathbf{B}(m,n)=\int_0^1 x^{m-1}(1-x)^{n-1}dx=\frac{1}{m}\int_0^1(1-x)^{n-1}d(x^m)$

$$=\frac{1}{m}x^m(1-x)^{n-1}\Big|_0^1+\frac{n-1}{m}\int_0^1 x^m(1-x)^{n-2}dx=\frac{n-1}{m}\mathbf{B}(m+1,n-1).$$

继续利用分部积分法,可得

$$\mathbf{B}(m,n)=\frac{(n-1)(n-2)\cdots 2\cdot 1}{m(m+1)\cdots(m+n-2)}\int_0^1 x^{m+n-2}dx$$

$$=\frac{(n-1)!(m-1)!}{(m+n-2)!}\cdot\frac{1}{m+n-1}x^{m+n-1}\Big|_0^1=\frac{(n-1)!(m-1)!}{(m+n-1)!}.$$

4. 解 $\int_E|\cos x|\sqrt{\sin x}dx=\int_0^{\pi}|\cos x|\sqrt{\sin x}dx+\int_{2\pi}^{3\pi}|\cos x|\sqrt{\sin x}dx$

$$=\int_0^{\frac{\pi}{2}}\cos x\sqrt{\sin x}dx+\int_{\frac{\pi}{2}}^{\pi}(-\cos x)\sqrt{\sin x}dx+$$

$$\int_{2\pi}^{\frac{5}{2}\pi}\cos x\sqrt{\sin x}dx+\int_{\frac{5}{2}\pi}^{3\pi}(-\cos x)\sqrt{\sin x}dx$$

$$=4\int_0^{\frac{\pi}{2}}\cos x\sqrt{\sin x}dx=\frac{8}{3}(\sin x)^{\frac{3}{2}}\Big|_0^{\frac{\pi}{2}}=\frac{8}{3}.$$

5. 解 由定积分定义可知

$$\lim_{n\to\infty}\sqrt[n]{\cos\frac{\pi}{2n}\cos\frac{2\pi}{2n}\cdots\cos\frac{(n-1)\pi}{2n}}=\exp\left(\lim_{n\to\infty}\frac{1}{n}\sum_{k=1}^{n}\ln\cos\frac{(k-1)\pi}{2n}\right)$$

$$=\exp\left(\frac{2}{\pi}\int_0^{\frac{\pi}{2}}\ln\cos x dx\right)=\exp\left(\frac{2}{\pi}I\right),$$

其中

$$I=\int_0^{\frac{\pi}{2}}\ln\sin x dx=\frac{1}{2}\int_0^{\frac{\pi}{2}}\ln\sin x\cos x dx=\frac{1}{2}\int_0^{\frac{\pi}{2}}\ln\sin 2x dx-\frac{\pi}{4}\ln 2$$

$$=\frac{1}{4}\int_0^{\pi}\ln\sin x\mathrm{d}x-\frac{\pi}{4}\ln 2=\frac{1}{2}I-\frac{\pi}{4}\ln 2.$$

所以$\lim\limits_{n\to\infty}\sqrt[n]{\cos\frac{\pi}{2n}\cos\frac{2\pi}{2n}\cdots\cos\frac{(n-1)\pi}{2n}}=\exp\left(-\frac{2}{\pi}\cdot\frac{\pi}{2}\ln 2\right)=\frac{1}{2}$.

6. 解　令$t=\frac{\pi}{2}-x$，有$I=\int_{\frac{\pi}{3}}^{\frac{\pi}{6}}\frac{\sin^2 t}{\left(\frac{\pi}{2}-t\right)\cdot 2t}\cdot(-\mathrm{d}t)=\int_{\frac{\pi}{6}}^{\frac{\pi}{3}}\frac{\sin^2 t}{t(\pi-2t)}\mathrm{d}t=\int_{\frac{\pi}{6}}^{\frac{\pi}{3}}\frac{\sin^2 x}{x(\pi-2x)}\mathrm{d}x$，

故

$$I=\frac{1}{2}\int_{\frac{\pi}{6}}^{\frac{\pi}{3}}\left[\frac{\cos^2 x}{x(\pi-2x)}+\frac{\sin^2 x}{x(\pi-2x)}\right]\mathrm{d}x=\frac{1}{2}\int_{\frac{\pi}{6}}^{\frac{\pi}{3}}\frac{1}{x(\pi-2x)}\mathrm{d}x$$
$$=\frac{1}{2}\int_{\frac{\pi}{6}}^{\frac{\pi}{3}}\left[\frac{1}{\pi x}+\frac{2}{\pi(\pi-2x)}\right]\mathrm{d}x=\frac{1}{2\pi}\ln\frac{x}{\pi-2x}\Big|_{\frac{\pi}{6}}^{\frac{\pi}{3}}=\frac{1}{\pi}\ln 2.$$

三、证明题

1. 证　不妨设$f(x)$单调递减. 假设$\exists x_0\in[a,+\infty)$，使得$f(x_0)<0$，则$f(x)\leqslant f(x_0)<0$. 对$\forall b>x_0$，有

$$\int_a^b f(x)\mathrm{d}x=\int_a^{x_0}f(x)\mathrm{d}x+\int_{x_0}^b f(x)\mathrm{d}x$$
$$\leqslant\int_a^{x_0}f(x)\mathrm{d}x+f(x_0)(b-x_0)\to-\infty(b\to+\infty).$$

由比较原则可知$\int_{x_0}^{+\infty}f(x)\mathrm{d}x$发散，与题意矛盾. 所以，对$\forall x_0\in[a,+\infty)$，均有$f(x)\geqslant 0$. 另外，由于$\int_a^{+\infty}f(x)\mathrm{d}x$收敛，由柯西准则可知对$\forall\varepsilon>0$，$\exists M>a>0$（充分大），使得$x>\frac{x}{2}>M$，有$\left|\int_{\frac{x}{2}}^{x}f(t)\mathrm{d}t\right|<\varepsilon$. 因而

$$0\leqslant\frac{x}{2}f(x)=\int_{\frac{x}{2}}^{x}f(x)\mathrm{d}t\leqslant\int_{\frac{x}{2}}^{x}f(t)\mathrm{d}t<\varepsilon.$$

故$0\leqslant xf(x)<2\varepsilon$，则$\lim\limits_{x\to+\infty}xf(x)=0$.

2. 证　首先记$G(x)=\int_0^x g(t)\mathrm{d}t$，那么$G'(x)=g(x)$，则

$$[G(x+T)-G(x)]'=g(x+T)-g(x)=0.$$

这说明$G(x+T)-G(x)=G(T)-G(0)=\int_0^T g(t)\mathrm{d}t=0$. 即$G(x)$也是以$T$为周期的连续（可导）函数，故$G(x)$在$\mathbf{R}$上有界，不妨设$|G(x)|\leqslant M(M>0)$. 对任意的$\lambda>0$，由于$f(x)$在$[a,b]$上单调，由积分第二中值定理，$\exists\xi\in[a,b]$，使得

$$\int_a^b f(x)g(\lambda x)\mathrm{d}x=f(a)\int_a^{\xi}g(\lambda x)\mathrm{d}x+f(b)\int_{\xi}^b g(\lambda x)\mathrm{d}x$$
$$=\frac{1}{\lambda}\left[f(a)G(\lambda x)\Big|_a^{\xi}+f(b)G(\lambda x)\Big|_{\xi}^{b}\right]$$
$$=\frac{1}{\lambda}\{f(a)[G(\lambda\xi)-G(\lambda a)]+f(b)[G(\lambda b)-G(\lambda\xi)]\}.$$

因此$\left|\int_a^b f(x)g(\lambda x)\mathrm{d}x\right|\leqslant\frac{2M}{\lambda}[|f(a)|+|f(b)|]\to 0(\lambda\to+\infty)$.

即有 $\lim\limits_{\lambda\to+\infty}\int_a^b f(x)g(\lambda x)\mathrm{d}x=0$.

第十章　定积分的应用　巩固练习 A 卷

解答题

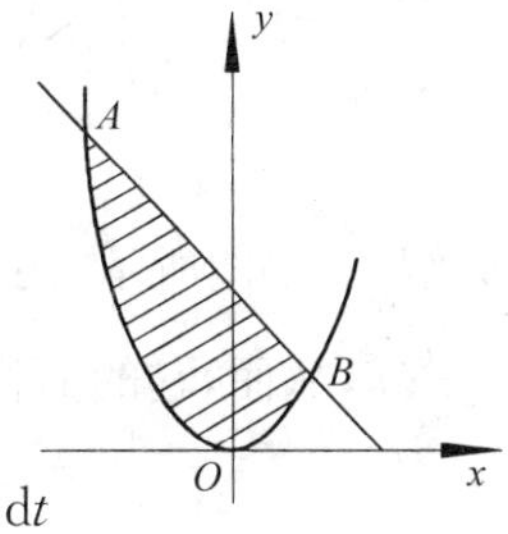

1. 解　如图所示，交点为 $A(-2,4)$ 及 $B(1,1)$. 所求面积为

$$S=\int_{-2}^{1}[(2-x)-x^2]\mathrm{d}x=\left(2x-\frac{x^2}{2}-\frac{x^3}{3}\right)\Big|_{-2}^{1}=\frac{9}{2}.$$

2. 解　所求面积为

$$S=\int_0^{2\pi}a(1-\cos t)a(1-\cos t)\mathrm{d}t=a^2\int_0^{2\pi}\left(1-2\cos t+\frac{1+\cos 2t}{2}\right)\mathrm{d}t$$

$$=a^2\left(\frac{3}{2}t-2\sin t+\frac{1}{4}\sin 2t\right)\Big|_0^{2\pi}=3\pi a^2.$$

由此可见，所求摆线一拱的面积等于原来母圆面积的三倍.

3. 解　所求面积为

$$S=\frac{1}{2}\int_{\frac{\pi}{4}}^{\frac{\pi}{2}}\frac{p^2}{(1-\cos\theta)^2}\mathrm{d}\theta=\frac{p^2}{4}\int_{\frac{\pi}{4}}^{\frac{\pi}{2}}\csc^4\frac{\theta}{2}\mathrm{d}\left(\frac{\theta}{2}\right)$$

$$=-\frac{p^2}{4}\left(\cot\frac{\theta}{2}+\frac{1}{3}\cot^3\frac{\theta}{2}\right)\Big|_{\frac{\pi}{4}}^{\frac{\pi}{2}}=\frac{p^2}{6}(4\sqrt{2}+3).$$

4. 解　所求弧长为 $s=\int_1^{\mathrm{e}}\sqrt{1+\left(\frac{y}{2}-\frac{1}{2y}\right)^2}\mathrm{d}y=\int_1^{\mathrm{e}}\frac{1+y^2}{2y}\mathrm{d}y=\frac{\mathrm{e}^2+1}{4}$.

5. 解　$x'(t)=at\cos t, y'(t)=at\sin t, \sqrt{x'^2(t)+y'^2(t)}=at$. 所求弧长为

$$s=\int_0^{2\pi}at\,\mathrm{d}t=2\pi^2 a.$$

6. 解　$r^2-2r\theta+1=0$，两边对 θ 求导，得 $2rr'-2\theta r'-2r=0$，即 $r'=\frac{r}{r-\theta}$，从而

$$\sqrt{r^2+r'^2}=\frac{r\theta}{r-\theta}=\frac{r^3+r}{r^2-1}, \mathrm{d}\theta=\frac{1}{2}\left(1-\frac{1}{r^2}\right)\mathrm{d}r.$$

所求弧长为

$$s=\frac{1}{2}\int_1^3\frac{r^3+r}{r^2-1}\frac{r^2-1}{r^2}\mathrm{d}r=\frac{1}{2}\int_1^3\left(r+\frac{1}{r}\right)\mathrm{d}r=2+\frac{1}{2}\ln 3.$$

7. 解　不失一般性，假设抛物线方程为 $y^2=2px$，绕 Ox 轴旋转，如图所示. 记 $OA=H, OB=x$，按假设有

$$S=\pi AC^2=\pi(2pH)=2\pi pH,$$

距原点为 x 的截面面积为

$$S(x)=\pi y^2=2\pi px.$$

于是，所求的体积为 $V=\int_0^H S(x)\mathrm{d}x=\pi pH^2=\frac{SH}{2}$.

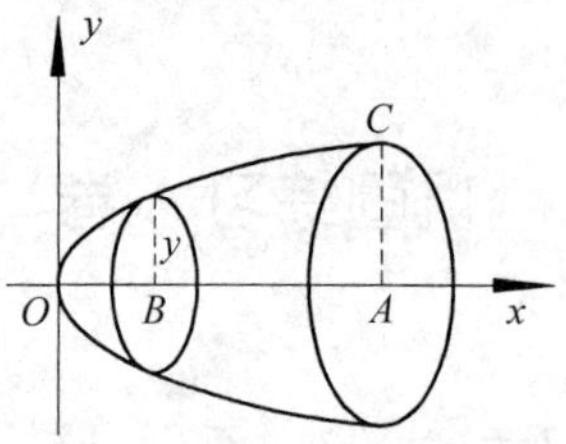

第 7 题图

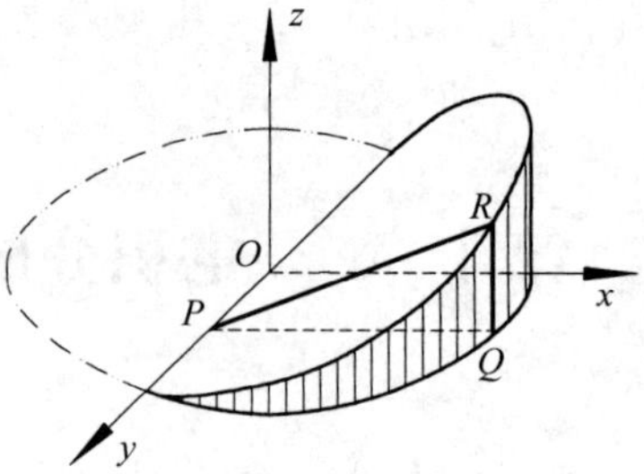

第 8 题图

8. 解　如图所示，用垂直 Oy 轴的平面截割，得一直角三角形 PQR. 设 $OP = y$，则高 $QR = \frac{c}{a}x$，从而，它的面积为

$$\frac{1}{2}\cdot\frac{c}{a}x^2=\frac{ac}{2}\left(1-\frac{y^2}{b^2}\right).$$

于是，所求的体积为 $V=2\int_0^b\frac{ac}{2}\left(1-\frac{y^2}{b^2}\right)\mathrm{d}y=\frac{2}{3}abc$.

9. 解　函数定义域为 $[2n\pi,(2n+1)\pi](n=0,1,2,\cdots)$. 于是所求的体积为

$$V_x=\pi\sum_{n=0}^{\infty}\int_{2n\pi}^{(2n+1)\pi}\mathrm{e}^{-2x}\sin x\mathrm{d}x=\frac{\pi}{5}\sum_{n=0}^{\infty}\mathrm{e}^{-2x}(-2\sin x-\cos x)\Big|_{2n\pi}^{(2n+1)\pi}$$

$$=\frac{\pi}{5}(\mathrm{e}^{-2\pi}+1)\sum_{n=0}^{\infty}\mathrm{e}^{-4n\pi}=\frac{\pi}{5}\cdot\frac{\mathrm{e}^{-2\pi}+1}{1-\mathrm{e}^{-4\pi}}=\frac{\pi}{5(1-\mathrm{e}^{-2\pi})}.$$

10. 解　$\sqrt{1+y'^2}=\frac{\sqrt{p+2x}}{\sqrt{2x}}$. 于是，所求的表面积为

$$P_x=2\pi\int_0^{x_0}\sqrt{2px}\,\frac{\sqrt{p+2x}}{\sqrt{2x}}\mathrm{d}x=\frac{2\pi}{3}[(2x_0+p)\sqrt{2px_0+p^2}-p^2].$$

第十章　定积分的应用　优化提高 B 卷

一、解答题

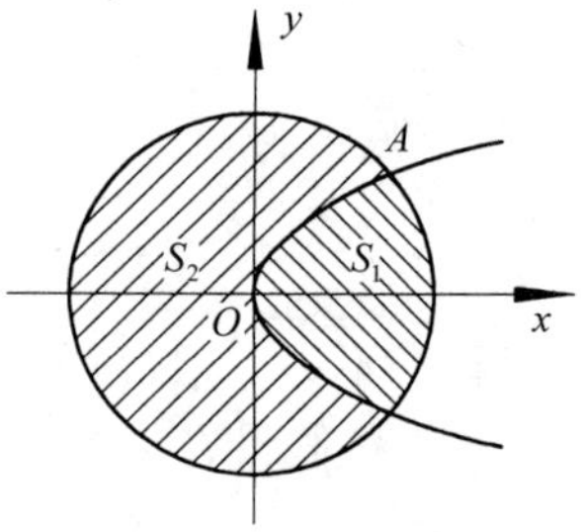

1. 解　抛物线 $y^2=2x$ 和圆 $x^2+y^2=8$ 在第一象限内的交点为 $A(2,2)$.

设这两部分的面积分别为 S_1 及 S_2（如图所示），则有

$$S_1=2\int_0^2\left(\sqrt{8-y^2}-\frac{y^2}{2}\right)\mathrm{d}y$$

$$=2\left(\frac{y}{2}\sqrt{8-y^2}+\frac{8}{2}\arcsin\frac{y}{2\sqrt{2}}-\frac{1}{6}y^3\right)\Big|_0^2$$

$$=2\pi+\frac{4}{3},$$

$$S_2=8\pi-\left(2\pi+\frac{4}{3}\right)=6\pi-\frac{4}{3}.$$

于是，它们的面积之比为 $\dfrac{S_1}{S_2}=\dfrac{2\pi+\dfrac{4}{3}}{6\pi-\dfrac{4}{3}}=\dfrac{3\pi+2}{9\pi-2}$.

2. 解　所求面积为

$$S=\frac{1}{2}\int_0^{2\pi}[x'(t)y'(t)-y'(t)x'(t)]\mathrm{d}t$$

$$=\frac{1}{2}\int_0^{2\pi}[a(2\cos t-\cos 2t)a(2\cos t-2\cos 2t)-$$

$$a(2\sin t-\sin 2t)a(-2\sin t+2\sin 2t)]\mathrm{d}t$$

$$=3a^2\int_0^{2\pi}(1-\cos t\cos 2t-\sin t\sin 2t)\mathrm{d}t=3a^2\int_0^{2\pi}(1-\cos t)\mathrm{d}t=6\pi a^2.$$

3. 解　当 θ 由 0 变到$\dfrac{\pi}{\sqrt{3}}$，r 从 0 变到$\sqrt{3}$，而 $\mathrm{d}\theta=\left(\dfrac{r}{1+r^2}+\arctan r\right)\mathrm{d}r$. 所求面积为

$$S=\frac{1}{2}\int_0^{\frac{\pi}{\sqrt{3}}}r^2\mathrm{d}\theta=\frac{1}{2}\int_0^{\sqrt{3}}\left(\frac{r^3}{1+r^2}+r^2\arctan r\right)\mathrm{d}r$$

$$=\left[\frac{1}{6}r^2-\frac{1}{6}\ln(1+r^2)+\frac{1}{6}r^3\arctan r\right]\Bigg|_0^{\sqrt{3}}=\frac{1}{2}-\frac{1}{3}\ln 2+\frac{\sqrt{3}}{6}\pi.$$

4. 解　$y'=\dfrac{p}{y}$，$\sqrt{1+y'^2}=\sqrt{1+\dfrac{p^2}{y^2}}=\sqrt{1+\dfrac{p}{2x}}=\dfrac{1}{\sqrt{2}}\dfrac{\sqrt{p+2x}}{\sqrt{x}}$. 故所求弧长为

$$s=2\int_0^{x_0}\frac{1}{\sqrt{2}}\frac{\sqrt{p+2x}}{\sqrt{x}}\mathrm{d}x=2\sqrt{2}\int_0^{x_0}\sqrt{p+2x}\,\mathrm{d}(\sqrt{x})$$

$$=2\sqrt{2}\left[\frac{1}{2}\sqrt{x(p+2x)}+\frac{p}{2\sqrt{2}}\ln\left(\sqrt{x}+\sqrt{x+\frac{p}{2}}\right)\right]\Bigg|_0^{x_0}$$

$$=2\sqrt{x_0\left(x_0+\frac{p}{2}\right)}+p\ln\left(\frac{\sqrt{2x_0}+\sqrt{2x_0+p}}{\sqrt{p}}\right).$$

5. 解　$\sqrt{x'^2(t)+y'^2(t)}=4a\sin t\cos t\sqrt{\cos^4t+\sin^4t}$. 所求弧长为

$$s=\int_0^{\frac{\pi}{2}}4a\sin t\cos t\sqrt{\cos^4t+\sin^4t}\,\mathrm{d}t=2a\int_0^{\frac{\pi}{2}}\sqrt{2\left(\sin^2t-\frac{1}{2}\right)^2+\frac{1}{2}}\,\mathrm{d}\left(\sin^2t-\frac{1}{2}\right)$$

$$=2a\left[\frac{\sin^2t-\frac{1}{2}}{2}\sqrt{\cos^4t+\sin^4t}+\frac{1}{4\sqrt{2}}\ln\left|\sin^2t-\frac{1}{2}+\sqrt{\frac{1}{2}(\cos^4t+\sin^4t)}\right|\right]\Bigg|_0^{\frac{\pi}{2}}$$

$$=\left[1+\frac{1}{\sqrt{2}}\ln(1+\sqrt{2})\right]a.$$

6. 解

$$r'=\frac{a}{2}\cdot\frac{1}{\mathrm{ch}^2\frac{\theta}{2}}.$$

$$\sqrt{r^2+r'^2}=\frac{a}{2\mathrm{ch}^2\frac{\theta}{2}}\sqrt{4\mathrm{sh}^2\frac{\theta}{2}\mathrm{ch}^2\frac{\theta}{2}+1}=\frac{a}{2\mathrm{ch}^2\frac{\theta}{2}}\sqrt{\mathrm{sh}^2\theta+1}$$

$$=\frac{a\,\mathrm{ch}\,\theta}{2\mathrm{ch}^2\frac{\theta}{2}}=\frac{a\,\mathrm{ch}\,\theta}{1+\mathrm{ch}\,\theta}=a\left(1-\frac{1}{1+\mathrm{ch}\,\theta}\right)=a\left(1-\frac{1}{2\mathrm{ch}^2\frac{\theta}{2}}\right).$$

所求弧长为

$$s=\int_0^{2\pi}a\left[1-\frac{1}{2\mathrm{ch}^2\frac{\theta}{2}}\right]\mathrm{d}\theta=a\left(\theta-\mathrm{th}\frac{\theta}{2}\right)\Big|_0^{2\pi}=a(2\pi-\mathrm{th}\,\pi).$$

7. 解　当 $x=0$ 及 $x=\frac{1}{3}$ 时，$y=0$. 此曲线所围图形的面积为

$$S_1=2\int_0^{\frac{1}{3}}\left(\frac{1}{3}-x\right)\sqrt{x}\,\mathrm{d}x=\frac{8}{135\sqrt{3}}.$$

此环线的周长为

$$s=2\int_0^{\frac{1}{3}}\sqrt{1+\left[\frac{1}{6\sqrt{x}}-\frac{3\sqrt{x}}{2}\right]^2}\,\mathrm{d}x=2\int_0^{\frac{1}{3}}\left[\frac{1}{6\sqrt{x}}+\frac{3\sqrt{x}}{2}\right]\mathrm{d}x=\frac{4}{3\sqrt{3}}.$$

按题设有 $\frac{4}{3\sqrt{3}}=2\pi R$，所以 $R=\frac{2}{3\sqrt{3}\pi}$. 圆面积 $S_2=\pi R^2=\frac{4}{27\pi}$. 故

$$\frac{S_1}{S_2}=\frac{2\pi}{5\sqrt{3}}.$$

8. 解　用垂直于 Ox 轴的平面截椭球面得截痕为一椭圆，它在 yOz 面上的投影为

$$\frac{y^2}{b^2\left(1-\frac{x^2}{a^2}\right)}+\frac{z^2}{c^2\left(1-\frac{x^2}{a^2}\right)}=1.$$

由此显见其半轴分别为 $b\sqrt{1-\frac{x^2}{a^2}}$ 及 $c\sqrt{1-\frac{x^2}{a^2}}$，从而，此椭圆的面积为

$$S(x)=\pi bc\left(1-\frac{x^2}{a^2}\right),-a\leqslant x\leqslant a.$$

于是，所求的椭球面的体积为 $V=\int_{-a}^{a}S(x)\mathrm{d}x=\pi bc\int_{-a}^{a}\left(1-\frac{x^2}{a^2}\right)\mathrm{d}x=\frac{4}{3}\pi abc.$

9. 解　利用对称性知，所求的体积为

$$V_y=\frac{4\pi}{3}\int_0^{\frac{\pi}{4}}r^3\cos\theta\mathrm{d}\theta=\frac{4\pi a^3}{3}\int_0^{\frac{\pi}{4}}\sqrt{\cos^3 2\theta}\cos\theta\mathrm{d}\theta.$$

令 $\sin\theta=\frac{1}{\sqrt{2}}\sin x$，则 $\sqrt{\cos 2\theta}=\cos x$，$\cos\theta\mathrm{d}\theta=\frac{1}{\sqrt{2}}\cos x\mathrm{d}x$，且 x 的变化范围为 $\left(0,\frac{\pi}{2}\right)$.

于是，得

$$V=\frac{4\pi a^3}{3}\int_0^{\frac{\pi}{2}}\frac{1}{\sqrt{2}}\cos^4x\mathrm{d}x=\frac{4\pi a^3}{3}\cdot\frac{1}{\sqrt{2}}\cdot\frac{3}{4}\cdot\frac{1}{2}\cdot\frac{\pi}{2}=\frac{\pi^2a^3}{4\sqrt{2}}.$$

二、证明题

1. 证　$V=\int_a^b(Ax^2+Bx+C)\mathrm{d}x=\frac{A}{3}(b^3-a^3)+\frac{B}{2}(b^2-a^2)+C(b-a)$

$$=\frac{b-a}{6}[2A(b^2+ab+a^2)+3B(a+b)+6C]$$

$$=\frac{H}{6}[(Aa^2+Ba+C)+(Ab^2+Bb+C)+A(a^2+2ab+b^2)+2B(a+b)+4C]$$

$$=\frac{H}{6}\left[S(a)+S(b)+4S\left(\frac{a+b}{2}\right)\right].$$

第十一章　反常积分　巩固练习A卷

一、填空题

1. -1　2. π　3. $\frac{2}{3}\ln 2$　4. π　5. $\frac{\pi}{2}-1$

二、解答题

1. 解　(1) 不一定. 例如,积分 $\int_0^{+\infty}\frac{\sin x}{x}\mathrm{d}x$ 收敛,且 $\varphi(x)=\sin x$ 有界,但 $\int_0^{+\infty}\frac{\sin^2 x}{x}\mathrm{d}x$ 发散.

(2) 积分 $\int_a^{+\infty}f(x)\varphi(x)\mathrm{d}x$ 一定绝对收敛. 事实上,设 $|\varphi(x)|\leqslant L$,则由不等式 $|f(x)\varphi(x)|\leqslant L|f(x)|$ 及 $\int_a^{+\infty}|f(x)|\mathrm{d}x$ 的收敛性可获证.

2. 解　当 $p\neq 1$ 时,

$$\int_a^b\frac{\mathrm{d}x}{(x-a)^p}=\lim_{u\to a^+}\int_u^b\frac{\mathrm{d}x}{(x-a)^p}=\lim_{u\to a^+}\int_u^b(x-a)^{-p}\mathrm{d}(x-a)$$
$$=\lim_{u\to a^+}\frac{1}{1-p}(x-a)^{1-p}\Big|_u^b$$
$$=\lim_{u\to a^+}\frac{1}{1-p}[(b-a)^{1-p}-(u-a)^{1-p}].$$

当 $p<1$ 时,$\int_a^b\frac{\mathrm{d}x}{(x-a)^p}=\lim_{u\to a^+}\frac{1}{1-p}[(b-a)^{1-p}-(u-a)^{1-p}]=\frac{(b-a)^{1-p}}{1-p}$;

当 $p>1$ 时,$\lim_{u\to a^+}\frac{1}{1-p}[(b-a)^{1-p}-(u-a)^{1-p}]$ 不存在,故 $\int_a^b\frac{\mathrm{d}x}{(x-a)^p}$ 发散;

当 $p=1$ 时,$\int_a^b\frac{1}{x-a}\mathrm{d}x$ 发散.

综上,当 $p<1$ 时收敛;当 $p\geqslant 1$ 时,发散.

3. 解　$\lim_{x\to+\infty}x^p\cdot\frac{\ln(1+x)}{x^n}=\begin{cases}+\infty, & p\geqslant n,\\ 0, & p<n.\end{cases}$

当 $n>1$ 时,取 p:$1<p<n$,则 $\lim_{x\to+\infty}x^p\cdot\frac{\ln(1+x)}{x^n}=0$,此时 $\int_1^{+\infty}\frac{\ln(1+x)}{x^n}\mathrm{d}x$ 收敛;

当 $n\leqslant 1$ 时,取 $p=1$,则 $\lim_{x\to+\infty}x^p\cdot\frac{\ln(1+x)}{x^n}=+\infty$,此时 $\int_1^{+\infty}\frac{\ln(1+x)}{x^n}\mathrm{d}x$ 发散.

故当 $n>1$ 时收敛,当 $n\leqslant 1$ 时发散.

4. 解　当 $x\geqslant \mathrm{e}^3$ 时,

$$\left|\frac{\ln(\ln x)}{\ln x}\sin x\right|\geqslant\frac{\ln(\ln x)}{\ln x}\sin^2 x=\frac{\ln(\ln x)}{2\ln x}-\frac{\ln(\ln x)}{2\ln x}\cos 2x.$$

由 $\frac{\ln(\ln x)}{2\ln x}\geqslant\frac{1}{2x}$ 且 $\int_{\mathrm{e}^3}^{+\infty}\frac{1}{2x}\mathrm{d}x$ 发散,故 $\int_{\mathrm{e}^3}^{+\infty}\frac{\ln(\ln x)}{2\ln x}\mathrm{d}x$ 发散,于是 $\int_{\mathrm{e}}^{+\infty}\frac{\ln(\ln x)}{2\ln x}\mathrm{d}x$ 发散.

令 $g(x)=\frac{\ln(\ln x)}{2\ln x}$,则

$$g'(x)=\frac{\frac{2}{x}-\frac{2}{x}\ln(\ln x)}{(2\ln x)^2}=\frac{1-\ln(\ln x)}{2x\ln^2 x},$$

故当 $x\geqslant e^3$ 时，$g(x)$ 单调递减，且 $\lim\limits_{x\to+\infty}g(x)=0$. 令 $F(u)=\int_{e^3}^{u}\cos 2x\mathrm{d}x$，则 $|F(u)|\leqslant 1$，由狄利克雷判别法可知，$\int_{e^3}^{+\infty}\frac{\ln(\ln x)}{2\ln x}\cos 2x\mathrm{d}x$ 收敛，于是$\int_{e}^{+\infty}\frac{\ln(\ln x)}{2\ln x}\cos 2x\mathrm{d}x$ 收敛. 由此得$\int_{e}^{+\infty}\left|\frac{\ln(\ln x)}{\ln x}\sin x\right|\mathrm{d}x$ 发散.

用上面证明$\int_{e}^{+\infty}\frac{\ln(\ln x)}{2\ln x}\cos 2x\mathrm{d}x$ 收敛的方法，可以证明$\int_{e}^{+\infty}\frac{\ln(\ln x)}{\ln x}\sin x\mathrm{d}x$ 收敛.

故$\int_{e}^{+\infty}\frac{\ln(\ln x)}{\ln x}\sin x\mathrm{d}x$ 条件收敛.

5. 解　**方法一**　$\frac{\sin^2 x}{x}=\frac{1-\cos 2x}{2x}=\frac{1}{2}\left(\frac{1}{x}-\frac{\cos 2x}{x}\right)$. 积分$\int_{1}^{+\infty}\frac{\mathrm{d}x}{x}$ 显然发散.

又对 $\forall A>1$，$\left|\int_{1}^{A}\cos 2x\mathrm{d}x\right|\leqslant 2$，$\frac{1}{x}$ 单调下降且 $\lim\limits_{x\to+\infty}\frac{1}{x}=0$，由狄利克雷判别法知，$\int_{1}^{+\infty}\frac{\cos 2x}{x}\mathrm{d}x$ 收敛. 于是，积分$\int_{1}^{+\infty}\frac{\sin^2 x}{x}\mathrm{d}x$ 发散，从而积分$\int_{0}^{+\infty}\frac{\sin^2 x}{x}\mathrm{d}x$ 发散.

方法二

$$\int_{0}^{+\infty}\frac{\sin^2 x}{x}\mathrm{d}x=\sum_{n=0}^{\infty}\int_{n\pi}^{(n+1)\pi}\frac{\sin^2 x}{x}\mathrm{d}x=\sum_{n=0}^{\infty}\int_{0}^{\pi}\frac{\sin^2 t}{t+n\pi}\mathrm{d}t$$
$$\geqslant\frac{1}{\pi}\int_{0}^{\pi}\sin^2 t\mathrm{d}t\sum_{n=1}^{\infty}\frac{1}{n}=\frac{1}{2}\sum_{n=1}^{\infty}\frac{1}{n},$$

由$\sum\limits_{n=1}^{\infty}\frac{1}{n}$ 发散可知，积分$\int_{0}^{+\infty}\frac{\sin^2 x}{x}\mathrm{d}x$ 发散.

6. 解　对于 $\forall A>1$，有$\left|\int_{1}^{A}\sin x\mathrm{d}x\right|\leqslant 2$. 又$\frac{1}{x}$ 单调且 $\lim\limits_{x\to+\infty}\frac{1}{x}=0$，由狄利克雷判别法知，积分$\int_{1}^{+\infty}\frac{\sin x}{x}\mathrm{d}x$ 收敛.

而积分$\int_{0}^{1}\frac{\sin x}{x}\mathrm{d}x$ 是普通的定积分，$x=0$ 为被积函数的可去间断点，故补充定义可使$\frac{\sin x}{x}$ 在$[0,1]$ 上连续，因而积分$\int_{0}^{1}\frac{\sin x}{x}\mathrm{d}x$ 收敛. 但它不是绝对收敛的.

事实上，当 $x>0$ 时，$\left|\frac{\sin x}{x}\right|\geqslant\frac{\sin^2 x}{x}$，由上题知$\int_{0}^{+\infty}\frac{\sin^2 x}{x}\mathrm{d}x$ 发散，故$\int_{0}^{+\infty}\left|\frac{\sin x}{x}\right|\mathrm{d}x$ 发散，因而$\int_{0}^{+\infty}\frac{\sin x}{x}\mathrm{d}x$ 条件收敛.

三、证明题

1. 证　设 $ax-\frac{b}{x}=t$，则当 $0<x<+\infty$ 时，$-\infty<t<+\infty$，$ax+\frac{b}{x}=\sqrt{t^2+4ab}$.

将此二式相加得

$$x=\frac{1}{2a}(t+\sqrt{t^2+4ab}),$$

从而有

$$\mathrm{d}x=\frac{1}{2a}\frac{t+\sqrt{t^2+4ab}}{\sqrt{t^2+4ab}}\mathrm{d}t,$$

所以

$$\begin{aligned}
&\int_0^{+\infty} f\left(ax+\frac{b}{x}\right)\mathrm{d}x\\
&=\frac{1}{2a}\int_{-\infty}^{+\infty} f(\sqrt{t^2+4ab})\frac{t+\sqrt{t^2+4ab}}{\sqrt{t^2+4ab}}\mathrm{d}t\\
&=\frac{1}{2a}\int_{-\infty}^{0} f(\sqrt{t^2+4ab})\frac{t+\sqrt{t^2+4ab}}{\sqrt{t^2+4ab}}\mathrm{d}t+\frac{1}{2a}\int_0^{+\infty} f(\sqrt{t^2+4ab})\frac{t+\sqrt{t^2+4ab}}{\sqrt{t^2+4ab}}\mathrm{d}t\\
&=\frac{1}{2a}\int_0^{+\infty} f(\sqrt{t^2+4ab})\frac{\sqrt{t^2+4ab}-t}{\sqrt{t^2+4ab}}\mathrm{d}t+\frac{1}{2a}\int_0^{+\infty} f(\sqrt{t^2+4ab})\frac{t+\sqrt{t^2+4ab}}{\sqrt{t^2+4ab}}\mathrm{d}t\\
&=\frac{1}{2a}\int_0^{+\infty} f(\sqrt{t^2+4ab})\frac{\sqrt{t^2+4ab}-t+\sqrt{t^2+4ab}+t}{\sqrt{t^2+4ab}}\mathrm{d}t\\
&=\frac{1}{a}\int_0^{+\infty} f(\sqrt{t^2+4ab})\mathrm{d}t.
\end{aligned}$$

于是$\int_0^{+\infty} f\left(ax+\frac{b}{x}\right)\mathrm{d}x=\frac{1}{a}\int_0^{+\infty} f(\sqrt{x^2+4ab})\mathrm{d}x$.

2. **证** 不妨设 $f(x)$ 单调递减. 先证当 $x\geqslant a$ 时，$f(x)\geqslant 0$. 若不然，则 $\exists c\geqslant a$，使 $f(c)<0$. 由于 $f(x)$ 单调递减，故当 $x\geqslant c$ 时，$f(x)\leqslant f(c)$，从而

$$\int_c^{+\infty} f(x)\mathrm{d}x\leqslant\int_c^{+\infty} f(c)\mathrm{d}x=-\infty.$$

因此，积分$\int_c^{+\infty} f(x)\mathrm{d}x$ 发散，这与积分$\int_a^{+\infty} f(x)\mathrm{d}x$ 收敛矛盾. 于是，$f(x)$ 为非负单调函数.

下证 $f(x)=o\left(\frac{1}{x}\right)$. 由于积分$\int_a^{+\infty} f(x)\mathrm{d}x$ 收敛，故 $\forall\varepsilon>0$，$\exists A>a$，当 $x>A$ 时，恒有 $\left|\int_{\frac{x}{2}}^{x} f(t)\mathrm{d}t\right|<\frac{\varepsilon}{2}$. 又

$$\left|\int_{\frac{x}{2}}^{x} f(t)\mathrm{d}t\right|=\int_{\frac{x}{2}}^{x} f(t)\mathrm{d}t\geqslant f(x)\left(x-\frac{x}{2}\right)=\frac{x}{2}f(x),$$

故当 $x>A$ 时，有 $0\leqslant xf(x)<\varepsilon$，所以 $\lim\limits_{x\to+\infty} xf(x)=0$，即 $f(x)=o\left(\frac{1}{x}\right)$.

如果 $f(x)$ 单调递增，则可考虑 $-f(x)$（单调递减）. 同理可证 $f(x)=o\left(\frac{1}{x}\right)$.

第十一章　反常积分　优化提高B卷

一、填空题

1. $\frac{a}{a^2+b^2}$　2. 1

二、解答题

1. 解　方法一　$\int_0^{+\infty}\frac{x^2+1}{x^4+1}dx=\int_0^{+\infty}\frac{1+\frac{1}{x^2}}{x^2+\frac{1}{x^2}}dx=\int_0^{+\infty}\frac{1}{\left(x-\frac{1}{x}\right)^2+2}d\left(x-\frac{1}{x}\right)$

$$=\frac{1}{\sqrt{2}}\arctan\frac{x^2-1}{\sqrt{2}x}\Big|_0^{+\infty}=\frac{\pi}{\sqrt{2}}.$$

方法二　由于 $\lim\limits_{\substack{b\to+\infty\\c\to0^+}}\int_c^b\frac{x^2+1}{x^4+1}dx=\lim\limits_{\substack{b\to+\infty\\c\to0^+}}\left(\frac{1}{\sqrt{2}}\arctan\frac{x^2-1}{\sqrt{2}x}\right)\Big|_c^b=\frac{\pi}{\sqrt{2}}$，所以

$$\int_0^{+\infty}\frac{x^2+1}{x^4+1}dx=\frac{\pi}{\sqrt{2}}.$$

2. 解　方法一　先求 $\int\frac{dx}{(2-x)\sqrt{1-x}}$. 设 $\sqrt{1-x}=t$，则 $x=1-t^2$，$dx=-2tdt$. 代入得

$$\int\frac{dx}{(2-x)\sqrt{1-x}}=-2\int\frac{dt}{1+t^2}=-2\arctan t+C=-2\arctan\sqrt{1-x}+C.$$

由于

$$\lim_{\varepsilon\to0^+}\int_0^{1-\varepsilon}\frac{dx}{(2-x)\sqrt{1-x}}=\lim_{\varepsilon\to0^+}\left(-2\arctan\sqrt{1-x}\Big|_0^{1-\varepsilon}\right)$$

$$=-2\lim_{\varepsilon\to0^+}\left[\arctan\sqrt{1-(1-\varepsilon)}-\frac{\pi}{4}\right]=\frac{\pi}{2},$$

所以 $\int_0^1\frac{dx}{(2-x)\sqrt{1-x}}=\frac{\pi}{2}$.

方法二　令 $\sqrt{1-x}=t$，则

$$\int_0^1\frac{dx}{(2-x)\sqrt{1-x}}=-2\int_1^0\frac{tdt}{(1+t^2)t}=2\int_0^1\frac{dt}{1+t^2}=2\arctan t\Big|_0^1=\frac{\pi}{2}.$$

3. 解　将积分分成

$$\int_0^{+\infty}x^{p-1}e^{-x}dx=\int_0^1x^{p-1}e^{-x}dx+\int_1^{+\infty}x^{p-1}e^{-x}dx.$$

对于积分 $\int_0^1x^{p-1}e^{-x}dx$. 由于

$$\lim_{x\to0^+}[x^{1-p}\cdot(x^{p-1}e^{-x})]=1,$$

知当 $1-p<1$，即 $p>0$ 时，积分 $\int_0^1x^{p-1}e^{-x}dx$ 收敛.

对于积分 $\int_1^{+\infty}x^{p-1}e^{-x}dx$. 由于

$$\lim_{x\to+\infty}[x^2\cdot(x^{p-1}e^{-x})]=\lim_{x\to+\infty}\frac{x^{p+1}}{e^x}=0,$$

故对于一切 p 值，积分 $\int_1^{+\infty}x^{p-1}e^{-x}dx$ 都收敛.

综上，当 $p>0$ 时，积分 $\int_0^{+\infty}x^{p-1}e^{-x}dx$ 收敛.

4. **解** 当 $n=0$ 时，对 $\forall a\in\mathbf{R}$，积分显然发散.

当 $n>0$ 时，设 $f(x)=\cos ax, g(x)=\dfrac{1}{1+x^n}$.

当 $a\neq 0$ 时，对 $\forall A>0$，有 $\left|\int_0^A f(x)\mathrm{d}x\right|\leqslant\dfrac{2}{a}$；$g(x)$ 单调下降且 $\lim\limits_{x\to+\infty}g(x)=0$. 由狄利克雷判别法知，积分 $\int_0^{+\infty}\dfrac{\cos ax}{1+x^n}\mathrm{d}x$ 收敛.

当 $a=0$ 时，由于 $\lim\limits_{x\to+\infty}x^n\cdot\dfrac{1}{1+x^n}=1$，故积分 $\int_0^{+\infty}\dfrac{\cos ax}{1+x^n}\mathrm{d}x$ 仅当 $n>1$ 时收敛.

于是，当 $a\neq 0$ 且 $n>0$ 及 $a=0$ 且 $n>1$ 时，积分 $\int_0^{+\infty}\dfrac{\cos ax}{1+x^n}\mathrm{d}x$ 收敛.

5. **解** 对于 $\forall A>0$，有 $\left|\int_0^A\cos x\mathrm{d}x\right|\leqslant 2$，又 $\dfrac{\sqrt{x}}{x+100}$ 单调且 $\lim\limits_{x\to+\infty}\dfrac{\sqrt{x}}{x+100}=0$，由狄利克雷判别法知，积分 $\int_0^{+\infty}\dfrac{\sqrt{x}\cos x}{x+100}\mathrm{d}x$ 收敛. 但它不是绝对收敛的.

事实上，由于

$$\frac{\sqrt{x}\ |\cos x|}{x+100}\geqslant\frac{\sqrt{x}\cos^2 x}{x+100}=\frac{1}{2}\left(\frac{\sqrt{x}}{x+100}-\frac{\sqrt{x}\cos 2x}{x+100}\right),$$

且 $\lim\limits_{x\to+\infty}\left(x^{\frac{1}{2}}\cdot\dfrac{\sqrt{x}}{x+100}\right)=1$，故 $\int_0^{+\infty}\dfrac{\sqrt{x}}{x+100}\mathrm{d}x$ 发散. 再由狄利克雷判别法可知 $\int_0^{+\infty}\dfrac{\sqrt{x}\cos 2x}{x+100}\mathrm{d}x$ 收敛，从而积分 $\int_0^{+\infty}\dfrac{\sqrt{x}\cos^2 x}{x+100}\mathrm{d}x$ 发散，故积分 $\int_0^{+\infty}\dfrac{\sqrt{x}\ |\cos x|}{x+100}\mathrm{d}x$ 发散.

因而 $\int_0^{+\infty}\dfrac{\sqrt{x}\cos x}{x+100}\mathrm{d}x$ 条件收敛.

6. **解** 不妨设 $b>0$，令 $t=bx$，则

$$\int_0^{+\infty}\frac{\sin bx}{x^\lambda}\mathrm{d}x=b^{\lambda-1}\int_0^{+\infty}\frac{\sin t}{t^\lambda}\mathrm{d}t=b^{\lambda-1}\left(\int_0^1\frac{\sin t}{t^\lambda}\mathrm{d}t+\int_1^{+\infty}\frac{\sin t}{t^\lambda}\mathrm{d}t\right)=b^{\lambda-1}(J_1+J_2),$$

其中，$J_1=\int_0^1\dfrac{\sin t}{t^\lambda}\mathrm{d}t$，则

（ⅰ）当 $\lambda\leqslant 1$ 时，J_1 为定积分；

（ⅱ）由于 $\dfrac{\sin t}{t^\lambda}=\dfrac{\sin t}{t}\cdot\dfrac{1}{t^{\lambda-1}}$，所以 $\left|\dfrac{\sin t}{t^\lambda}\right|\leqslant\dfrac{1}{t^{\lambda-1}}$，所以当 $\lambda<2$ 时，J_1 绝对收敛；

（ⅲ）由 $\lim\limits_{t\to 0^+}t^{\lambda-1}\cdot\dfrac{\sin t}{t^\lambda}=1$ 可知，当 $\lambda-1\geqslant 1$ 即 $\lambda\geqslant 2$ 时，J_1 发散.

$J_2=\int_1^{+\infty}\dfrac{\sin t}{t^\lambda}\mathrm{d}t$，则

（ⅰ）当 $\lambda>0$ 时，由狄利克雷判别法知 J_2 收敛；

（ⅱ）当 $\lambda>1$ 时，J_2 绝对收敛；

（ⅲ）当 $\lambda\leqslant 0$ 时，由 Cauchy 判别法知 J_2 发散.

综上所述，当 $\lambda\leqslant 0$ 或 $\lambda\geqslant 2$ 时，原级数发散；当 $0<\lambda\leqslant 1$ 时，原级数条件收敛；当 $1<\lambda<2$ 时，原级数绝对收敛.

三、证明题

1. 证　$\forall r,R:0<r<R<+\infty$，有

$$\int_r^R \frac{f(ax)-f(bx)}{x}\mathrm{d}x=\int_r^R \frac{f(ax)}{x}\mathrm{d}x-\int_r^R \frac{f(bx)}{x}\mathrm{d}x$$

$$=\int_{ar}^{aR}\frac{f(t)}{t}\mathrm{d}t-\int_{br}^{bR}\frac{f(t)}{t}\mathrm{d}t=\int_{ar}^{br}\frac{f(t)}{t}\mathrm{d}t-\int_{aR}^{bR}\frac{f(t)}{t}\mathrm{d}t.$$

(1) 由于

$$\int_{ar}^{br}\frac{f(t)}{t}\mathrm{d}t=f(\xi)\int_{ar}^{br}\frac{1}{t}\mathrm{d}t=f(\xi)\ln\frac{b}{a}（\xi 介于 ar 与 br 之间），$$

$$\int_{aR}^{bR}\frac{f(t)}{t}\mathrm{d}t=f(\eta)\int_{aR}^{bR}\frac{1}{t}\mathrm{d}t=f(\eta)\ln\frac{b}{a}（\eta 介于 aR 与 bR 之间），$$

所以

$$\lim_{\substack{r\to+0\\R\to+\infty}}\int_r^R \frac{f(ax)-f(bx)}{x}\mathrm{d}x=[f(0)-f(+\infty)]\ln\frac{b}{a},$$

即$\int_0^{+\infty}\frac{f(ax)-f(bx)}{x}\mathrm{d}x=[f(0)-f(+\infty)]\ln\frac{b}{a}$.

(2) 根据 Cauchy 原理有 $\lim\limits_{R\to+\infty}\int_{aR}^{bR}\frac{f(t)}{t}\mathrm{d}t=0$，故

$$\lim_{\substack{r\to+0\\R\to+\infty}}\int_r^R \frac{f(ax)-f(bx)}{x}\mathrm{d}x=f(0)\ln\frac{b}{a},$$

即$\int_0^{+\infty}\frac{f(ax)-f(bx)}{x}\mathrm{d}x=f(0)\ln\frac{b}{a}$.

2. 证　设函数 $f(x)$ 在$(0,1]$内单调递减，这时 $\lim\limits_{x\to0^+}f(x)=+\infty$. 先设 $f(x)\geqslant0(x\in(0,1])$.

由于积分$\int_0^1 f(x)\mathrm{d}x$ 存在，故把区间$[0,1]n$ 等分后，即得

$$\int_0^1 f(x)\mathrm{d}x=\sum_{k=0}^{n-1}\int_{\frac{k}{n}}^{\frac{k+1}{n}}f(x)\mathrm{d}x<\int_0^{\frac{1}{n}}f(x)\mathrm{d}x+\sum_{k=1}^{n-1}f\left(\frac{k}{n}\right)\frac{1}{n}<\int_0^{\frac{1}{n}}f(x)\mathrm{d}x+\sum_{k=1}^{n}f\left(\frac{k}{n}\right)\frac{1}{n}.$$

另一方面，又有$\int_0^1 f(x)\mathrm{d}x>\sum\limits_{k=1}^{n}f\left(\frac{k}{n}\right)\frac{1}{n}$，从而就有

$$0<\int_0^1 f(x)\mathrm{d}x-\frac{1}{n}\sum_{k=1}^{n}f\left(\frac{k}{n}\right)<\int_0^{\frac{1}{n}}f(x)\mathrm{d}x.$$

由于$\lim\limits_{n\to\infty}\int_0^{\frac{1}{n}}f(x)\mathrm{d}x=0$，故

$$\lim_{n\to\infty}\frac{1}{n}\sum_{k=1}^{n}f\left(\frac{k}{n}\right)=\int_0^1 f(x)\mathrm{d}x.$$

若不满足 $f(x)\geqslant0$，即 $f(x)$ 可正可负，则 $\varphi(x)=f(x)-f(1)$ 满足 $\varphi(x)\geqslant0(0<x\leqslant1)$，且 $\varphi(x)$ 单调递减，$\lim\limits_{x\to0^+}\varphi(x)=+\infty$. 故根据已证的结果，知

$$\lim_{n\to\infty}\frac{1}{n}\sum_{k=1}^{n}\varphi\left(\frac{k}{n}\right)=\int_0^1\varphi(x)\mathrm{d}x,$$

即

$$\lim_{n\to\infty}\frac{1}{n}\sum_{k=1}^{n}\left[f\left(\frac{k}{n}\right)-f(1)\right]=\int_0^1[f(x)-f(1)]\mathrm{d}x,$$

由此即得$\lim\limits_{n\to\infty}\frac{1}{n}\sum\limits_{k=1}^{n}f\left(\frac{k}{n}\right)=\int_0^1 f(x)\mathrm{d}x$.

当 $f(x)$ 在$[0,1]$上单调递增时(这时$\lim\limits_{x\to0^+}f(x)=-\infty$),只需对函数$-f(x)$应用上述结果即获证.

综合检测卷　巩固练习 A 卷

一、叙述下列定义

1. 解　$\forall G>0,\exists\delta>0$,当$1-\delta<x<\delta$时,有$f(x)>G$.

2. 解　设$f(x)\in C[a,b]$,且$f(a)\neq f(b)$,μ为介于$f(a)$与$f(b)$之间的任一实数,则至少存在一点$x_0\in[a,b]$,使得$f(x_0)=\mu$.

3. 解　$f(x)\in\mathbf{R}[a,b]\Leftrightarrow$对$\forall\varepsilon>0$,存在分法$T$,使得$\sum\limits_{i=1}^{n}\omega_i\Delta x_i<\varepsilon$.

4. 解　设函数$f(x)\in C[a,b]$,则函数$\Phi(x)=\int_a^x f(t)\mathrm{d}t$在$[a,b]$上可导,且$\Phi'(x)=f(x)$.

二、判断题

1. √　2. √　3. ×　4. √　5. ×　6. ×　7. √　8. ×

三、用定义证明

1. 证　$\forall\varepsilon>0$,由$a>1$,$\lim\limits_{n\to\infty}\sqrt[n]{n}=1<a^{\varepsilon}$知,$\exists N=N(\varepsilon)$,当$n>N$时,有$\sqrt[n]{n}<a^{\varepsilon}$,从而当$n>N$时,有$0<\frac{\log_a n}{n}=\log_a\sqrt[n]{n}<\log_a a^{\varepsilon}=\varepsilon$,故$\lim\limits_{n\to\infty}\frac{\log_a n}{n}=0$.

2. 证　**方法一**　取$\varepsilon_0=1$,$\forall\delta>0$(不妨设$\delta<1$),取n充分大,使得$\frac{2}{n}<\delta$,取$x_1=\frac{2}{n}$,$x_2=\frac{2}{n+1}$,则$x_1,x_2\in(0,1)$,且$|x_1-x_2|=\frac{2}{n(n+1)}<\frac{2}{n}<\delta$,但有

$$|f(x_1)-f(x_2)|=1=\varepsilon_0,$$

因而$f(x)=\frac{1}{x}$在$(0,1)$内非一致连续.

方法二　取$x_n=\frac{1}{2n}$,$y_n=\frac{1}{2n+\frac{1}{2}}$,则$x_n,y_n\in(0,1)$,且$|x_n-y_n|\to0(n\to\infty)$,但

$|f(x_n)-f(y_n)|=1\nrightarrow0(n\to\infty)$. 因而$f(x)=\frac{1}{x}$在$(0,1)$内非一致连续.

四、解答题

1. 解　$f'(x)=\begin{cases}4x^3\sin\frac{1}{x}-x^2\cos\frac{1}{x}, & x\neq0,\\ 0, & x=0.\end{cases}$

$$f''(x)=\begin{cases}12x^2\sin\dfrac{1}{x}-6x\cos\dfrac{1}{x}-\sin\dfrac{1}{x}, & x\neq 0,\\ 0, & x=0.\end{cases}$$

2. 解　令 $t=\dfrac{1}{x}$，连续两次利用洛必达法则得

$$\lim_{x\to\infty}\left[x-x^2\ln\left(1+\frac{1}{x}\right)\right]=\lim_{t\to 0}\frac{t-\ln(1+t)}{t^2}=\lim_{t\to 0}\frac{1-\dfrac{1}{1+t}}{2t}=\lim_{t\to 0}\frac{\dfrac{1}{(1+t)^2}}{2}=\frac{1}{2}.$$

3. 解　由莱布尼茨公式可得

$$f^{(20)}(x)=\sum_{k=0}^{20}C_{20}^{k}\,(x^2)^{(k)}\,(\mathrm{e}^x)^{(20-k)}=(x^2+40x+380)\mathrm{e}^x.$$

4. 解　$f'(x)=\dfrac{1}{1+x^2}$，$f''(x)=-\dfrac{2x}{(1+x^2)^2}=-2x(1+x^2)^{-2}$，

$$\begin{aligned}f'''(x)&=-2(1+x^2)^{-2}+(-2x)\cdot(-2)(1+x^2)^{-3}\cdot 2x\\&=-2(1+x^2)^{-2}+8x^2(1+x^2)^{-3},\\ f^{(4)}(x)&=4(1+x^2)^{-3}\cdot 2x+16x(1+x^2)^{-3}+8x^2\cdot(-3)(1+x^2)^{-4}\cdot 2x\\&=24x(1+x^2)^{-3}-48x^3(1+x^2)^{-4}.\end{aligned}$$

故 $f(0)=0$，$f'(0)=1$，$f''(0)=0$，$f'''(0)=-2$，$f^{(4)}(0)=0$，

$$f^{(5)}(0)=\lim_{x\to 0}\frac{f^{(4)}(x)-f^{(4)}(0)}{x-0}=24.$$

因此，$\arctan x=x-\dfrac{1}{3}x^3+\dfrac{1}{5}x^5+o(x^5)$.

5. 解　$V=\pi\displaystyle\int_0^R\left[(b+\sqrt{R^2-x^2})^2-(b+\sqrt{R^2-x^2})^2\right]\mathrm{d}x=4\pi b\int_0^R\sqrt{R^2-x^2}\,\mathrm{d}x=2\pi^2R^2b.$

五、证明题

1. 证　由 $\lim\limits_{x\to-\infty}f(x)=A>0$，对于 $\dfrac{A}{2}>0$，$\exists X>0$，当 $x<-X$ 时有

$$|f(x)-A|<\frac{1}{2}A,\text{即当 } x<-X \text{ 时有}\frac{A}{2}<f(x)<\frac{3}{2}A.$$

2. 证　因为 $f(x)$ 不恒为零，所以 $\exists x_0\in[a,b]$，使得 $f(x_0)\neq 0$，从而 $f^2(x_0)>0$，因为 $f^2(x)\in C[a,b]$，所以 $f^2(x)$ 在点 x_0 连续，所以存在 $\delta>0$ 使得当 $x\in(x_0-\delta,x_0+\delta)\subset[a,b]$ 时，有 $f^2(x)>\dfrac{f^2(x_0)}{2}>0$，又因为 $f^2(x)$ 在 $[a,b]$ 上非负，所以

$$\begin{aligned}\int_a^b f^2(x)\mathrm{d}x&=\int_a^{x_0-\delta}f^2(x)\mathrm{d}x+\int_{x_0-\delta}^{x_0+\delta}f^2(x)\mathrm{d}x+\int_{x_0+\delta}^{b}f^2(x)\mathrm{d}x\\&\geqslant\int_{x_0-\delta}^{x_0+\delta}f^2(x)\mathrm{d}x>\delta f^2(x_0)>0\end{aligned}$$

即 $\displaystyle\int_a^b f^2(x)\mathrm{d}x>0$.

3. 证　任取 $x\in U_+^\circ(x_0)$，$f(x)$ 在 $[x_0,x]$ 上满足拉格朗日定理条件，则 $\exists\zeta\in(x_0,x)$，使得

$$\frac{f(x)-f(x_0)}{x-x_0}=f'(\zeta),$$

令 $x\to x_0^+$ 对上式两边取极限可得

$$f'_+(x_0)=\lim_{x\to x_0^+}\frac{f(x)-f(x_0)}{x-x_0}=\lim_{x\to x_0^+}f'(\zeta)=f'(x_0+0).$$

同理可得 $f'_-(x_0)=f'(x_0-0)$.

因为$\lim\limits_{x\to x_0}f'(x)=k$存在，所以 $f'(x_0+0)=f'(x_0-0)=k$,故 $f'_+(x_0)=f'_-(x_0)=k$,即 $f'(x_0)=k=\lim\limits_{x\to x_0}f'(x)$,因此 $f'(x)$ 在 x_0 点可导且连续.

4. 证　若不然，则 $\exists\delta_0>0$, 使对 $\forall x\in[a,b]$, $f(x)$ 在$U(x;\delta_0)$上有界. 开集族$\{U(x;\delta_0)\mid x\in[a,b]\}$ 构成$[a,b]$ 的一个覆盖,由有限覆盖定理,存在有限个 $U(x;\delta_0)$覆盖了$[a,b]$, 设为 $U(x_1;\delta_0),U(x_2;\delta_0),\cdots,U(x_n;\delta_0)$. 设 M_i 为 $f(x)$ 在 $U(x_i;\delta_0)$上的界$(i=1,2,\cdots,m)$. 令 $M=\max\limits_{1\leqslant i\leqslant m}\{M_i\}$,则$|f(x)|\leqslant M,\forall x\in[a,b]$,此与条件矛盾.

综合检测卷　优化提高B卷

一、判断题

1. × 2. × 3. √ 4. √ 5. √ 6. × 7. × 8. ×

二、用定义证明

1. 证　取 $\varepsilon_0=\frac{1}{3}$, $\forall N\in\mathbf{N}_+$,取 $n_0=N+1>N$,但有

$$\left|\frac{n_0^2}{2n_0^2+1}-1\right|=\frac{n_0^2+1}{2n_0^2+1}>\frac{n_0^2}{3n_0^2}=\frac{1}{3}=\varepsilon_0,$$

故由定义知$\lim\limits_{n\to\infty}\frac{n^2}{2n^2+1}\neq1$.

2. 证　取 $x_n=\sqrt{2n\pi+\frac{\pi}{2}}$, $y_n=\sqrt{2n\pi}$,则 $x_n,y_n\in[0,+\infty)$,且

$$\lim_{n\to\infty}(x_n-y_n)=\lim_{n\to\infty}\left(\sqrt{2n\pi+\frac{\pi}{2}}-\sqrt{2n\pi}\right)=\lim_{n\to\infty}\frac{\frac{\pi}{2}}{\sqrt{2n\pi+\frac{\pi}{2}}+\sqrt{2n\pi}}=0.$$

但$\lim\limits_{n\to\infty}[f(x_n)-f(y_n)]=1\neq0$,故 $f(x)=\sin x^2$ 在$[0,+\infty)$ 上不一致连续.

三、解答题

1. 解　为了方便,记 $I=\int\frac{xe^x}{(x+1)^2}dx$, $J=\int\frac{1}{(x-1)^2(x-2)}dx$.

那么由分部积分公式直接可得

$$I=-\int xe^x d\left(\frac{1}{x+1}\right)=-\frac{xe^x}{x+1}+\int\frac{(x+1)e^x}{x+1}dx=-\frac{xe^x}{x+1}+e^x+C=\frac{e^x}{1+x}+C.$$

另外,根据有理函数相关理论可知

$$\frac{1}{(x-1)^2(x-2)}=\frac{A}{x-1}+\frac{B}{(x-1)^2}+\frac{C}{x-2}.$$

其中 A,B,C 满足

$$A(x-1)(x-2)+B(x-2)+C(x-1)^2=1.$$

解得 $A=B=-1,C=1$,因此

$$J=-\int\frac{\mathrm{d}x}{x-1}-\int\frac{\mathrm{d}x}{(x-1)^2}+\int\frac{\mathrm{d}x}{x-2}=-\ln|x-1|+\frac{1}{x-1}+\ln|x-2|+C.$$

2. 解　方法一　因为 $\lim\limits_{x\to0}\frac{\ln(x+\sqrt{1+x^2})}{x}=\lim\limits_{x\to0}\frac{1}{\sqrt{1+x^2}}=1$,所以

$$\ln(x+\sqrt{1+x^2})\sim x(x\to0).$$

因而有

$$\begin{aligned}&\lim_{x\to0}\left[\frac{1}{\ln(1+x)}-\frac{1}{\ln(x+\sqrt{1+x^2})}\right]\\&=\lim_{x\to0}\frac{\ln(x+\sqrt{1+x^2})-\ln(1+x)}{x\ln(1+x)}=\lim_{x\to0}\frac{\ln(x+\sqrt{1+x^2})-\ln(1+x)}{x^2}\\&=\lim_{x\to0}\frac{\frac{1}{\sqrt{1+x^2}}-\frac{1}{1+x}}{2x}=\lim_{x\to0}\frac{1+x-\sqrt{1+x^2}}{2x\sqrt{1+x^2}(1+x)}\\&=\frac{1}{2}\lim_{x\to0}\frac{1+x-\sqrt{1+x^2}}{x}=\frac{1}{2}\left(1+\lim_{x\to0}\frac{1-\sqrt{1+x^2}}{x}\right)\\&=\frac{1}{2}\left(1+\lim_{x\to0}\frac{-\frac{x^2}{2}}{x}\right)=\frac{1}{2}.\end{aligned}$$

方法二　由泰勒公式有

$$\begin{aligned}&\lim_{x\to0}\left[\frac{1}{\ln(1+x)}-\frac{1}{\ln(x+\sqrt{1+x^2})}\right]=\lim_{x\to0}\frac{\operatorname{arcsinh}x-\ln(1+x)}{\ln(1+x)\operatorname{arcsinh}x}\\&=\lim_{x\to0}\frac{\left[x-\frac{1}{6}x^3+o(x^3)\right]-\left[x-\frac{1}{2}x^2+o(x^2)\right]}{x^2}=\lim_{x\to0}\frac{\frac{1}{2}x^2+o(x^2)}{x^2}=\frac{1}{2}.\end{aligned}$$

3. 解　(1) 对 $\forall A\in\mathbf{R},\exists\varepsilon_0>0,\forall\delta>0,\exists x'\in U^\circ(x_0;\delta)$,使得 $|f(x')-A|\geqslant\varepsilon_0$.

以 $D(x)$ 为例:若 $A\neq1$,则取 $\varepsilon_0=\frac{|1-A|}{2}$,对 $\forall\delta>0$,由实数的稠密性,取有理数 $x'\in U^\circ(1;\delta)$,则 $D(x')=1$,从而有

$$|D(x')-A|=|1-A|\geqslant\frac{|1-A|}{2}=\varepsilon_0.$$

若 $A=1$,则取 $\varepsilon_0=\frac{1}{2}$,$\forall\delta>0$,由实数的稠密性,取无理数 $x''\in U^\circ(1;\delta)$,则 $D(x'')=0$,且

$$|D(x'')-A|=|D(x'')-1|=1>\frac{1}{2}=\varepsilon_0.$$

(2) $\exists\varepsilon_0>0,\forall\delta>0,\exists x',x''\in U^\circ(x_0;\delta)$,使得 $|f(x')-f(x'')|\geqslant\varepsilon_0$.

以 $D(x)$ 为例:取 $\varepsilon_0=\frac{1}{2}$,$\forall\delta>0$,由实数的稠密性,在 $U^\circ(1;\delta)$ 内取有理数 x',无理数 x'',因为 $D(x')=1,D(x'')=0$,从而有

$$|D(x')-D(x'')|=|1-0|=1>\frac{1}{2}=\varepsilon_0.$$

4. **解** 由于

$$\lim_{n\to\infty}\ln\frac{\sqrt[n]{n!}}{n}=\lim_{n\to\infty}\left(\frac{1}{n}\sum_{i=1}^{n}\ln i-\ln n\right)=\lim_{n\to\infty}\sum_{i=1}^{n}\left[(\ln i-\ln n)\cdot\frac{1}{n}\right]$$

$$=\lim_{n\to\infty}\sum_{i=1}^{n}\left(\ln\frac{i}{n}\cdot\frac{1}{n}\right)=\int_0^1\ln x\mathrm{d}x=\lim_{\eta\to0^+}\int_\eta^1\ln x\mathrm{d}x=\lim_{\eta\to0^+}x(\ln x-1)\Big|_\eta^1=-1,$$

从而$\lim\limits_{n\to\infty}\dfrac{\sqrt[n]{n!}}{n}=\mathrm{e}^{-1}=\dfrac{1}{\mathrm{e}}$.

5. **解** (1) 由于$\dfrac{\mathrm{d}y}{\mathrm{d}x}=\dfrac{\frac{\mathrm{d}y}{\mathrm{d}t}}{\frac{\mathrm{d}x}{\mathrm{d}t}}=\dfrac{4-2t}{2t}=\dfrac{2}{t}-1$,$\dfrac{\mathrm{d}^2y}{\mathrm{d}x^2}=\dfrac{\frac{\mathrm{d}}{\mathrm{d}t}\left(\frac{\mathrm{d}y}{\mathrm{d}x}\right)}{\frac{\mathrm{d}x}{\mathrm{d}t}}=\dfrac{-\frac{2}{t^2}}{2t}=-\dfrac{1}{t^3}$,当$t>0$时,$\dfrac{\mathrm{d}^2y}{\mathrm{d}x^2}<0$,从而$L$为凸的.

(2) 因为当$t=0$时,L在对应点处的切线方程为$x=1$,不合题意,故设切点(x_0,y_0)对应的参数为$t_0>0$,则L在(x_0,y_0)处的切线方程为$y-(4t_0-t_0^2)=\left(\dfrac{2}{t_0}-1\right)(x-t_0^2-1)$,

令$x=-1$,$y=0$,得$t_0^2+t_0-2=0$,解得$t_0=1$或$t_0=-2$(舍去).

由$t_0=1$知切点为$(2,3)$,且切线方程为$y=x+1$.

(3) 由$t=0$,$t=4$知L与x轴交点分别为$(1,0)$和$(17,0)$. 所求平面图形的面积为

$$S=\int_{-1}^{2}(x+1)\mathrm{d}x-\int_1^2y\mathrm{d}x=\frac{9}{2}-\int_0^1(4t-t^2)\mathrm{d}(t^2+1)=\frac{9}{2}-2\int_0^1(4t^2-t^3)\mathrm{d}t=\frac{7}{3}.$$

6. **解** 先证明此积分收敛. 事实上,由于

$$\lim_{x\to0^+}\sqrt{x}\ln\sin x=0,\text{且 }p=\frac{1}{2}<1,$$

所以积分$\displaystyle\int_0^{\frac{\pi}{2}}\ln\sin x\mathrm{d}x$收敛.

再求积分值. 设$x=\dfrac{\pi}{2}-t$,则有$\displaystyle\int_0^{\frac{\pi}{2}}\ln\sin x\mathrm{d}x=\int_0^{\frac{\pi}{2}}\ln\cos x\mathrm{d}x=A$,相加得

$$2A=\int_0^{\frac{\pi}{2}}(\ln\sin x+\ln\cos x)\mathrm{d}x=\int_0^{\frac{\pi}{2}}\ln\left(\frac{1}{2}\sin 2x\right)\mathrm{d}x=\int_0^{\frac{\pi}{2}}\ln\sin 2x\mathrm{d}x-\ln 2\int_0^{\frac{\pi}{2}}\mathrm{d}x$$

$$=\frac{1}{2}\int_0^{\pi}\ln\sin t\mathrm{d}t-\frac{\pi}{2}\ln 2=\frac{1}{2}\left(\int_0^{\frac{\pi}{2}}\ln\sin t\mathrm{d}t+\int_{\frac{\pi}{2}}^{\pi}\ln\sin t\mathrm{d}t\right)-\frac{\pi}{2}\ln 2$$

$$=\int_0^{\frac{\pi}{2}}\ln\sin t\mathrm{d}t-\frac{\pi}{2}\ln 2=A-\frac{\pi}{2}\ln 2.$$

于是$2A=A-\dfrac{\pi}{2}\ln 2$,$A=-\dfrac{\pi}{2}\ln 2$,即$\displaystyle\int_0^{\frac{\pi}{2}}\ln\sin x\mathrm{d}x=-\frac{\pi}{2}\ln 2$.

四、证明题

1. **证** **方法一** 由 Cauchy 收敛准则,要证$\lim\limits_{n\to\infty}\sin n$不存在,即要证明:$\exists\varepsilon_0>0$,$\forall N\in\mathbf{N}_+$,$\exists n_0,m_0>N$,使得$|\sin n_0-\sin m_0|\geqslant\varepsilon_0$.

取 $\varepsilon_0=\frac{\sqrt{2}}{2}$，$\forall N\in\mathbf{N}_+$，取 $n_0=\left[2N\pi+\frac{3}{4}\pi\right]$，$m_0=[2N\pi+2\pi]$，则 $m_0>n_0>N$，且

$$2N\pi+\frac{\pi}{4}<n_0<2N\pi+\frac{3\pi}{4},$$

$$2N\pi+\pi<m_0<2N\pi+2\pi,$$

$$|\sin n_0-\sin m_0|\geqslant\frac{\sqrt{2}}{2}=\varepsilon_0,$$

由 Cauchy 收敛准则知 $\{\sin n\}$ 发散.

方法二（反证法） 若 $\lim\limits_{n\to\infty}\sin n=A$，因 $\sin(n+2)-\sin n=2\sin 1\cos(n+1)$，知

$$\lim_{n\to\infty}2\sin 1\cos(n+1)=\lim_{n\to\infty}[\sin(n+2)-\sin n]=A-A=0,$$

从而

$$\lim_{n\to\infty}\cos n=0,\quad A=\lim_{n\to\infty}\sin n=\lim_{n\to\infty}\sqrt{1-\cos^2 n}=1.$$

但 $\sin 2n=2\sin n\cdot\cos n$，取极限得 $A=0$，矛盾.

2. **证** 由连续函数介值定理，$\exists\xi\in(a,b)$ 使得 $f(\xi)=\frac{f(a)+f(b)}{2}$. 记 $A=\{x\mid f(x)=f(a),x<\xi\}$，因为 $a\in A$，故 A 为非空有界集合. 记 $\alpha=\sup A$，若 $\alpha\notin A$，则 $\exists\{x_n\}\subset A$ 使得 $\lim\limits_{n\to\infty}x_n=\alpha$. 由 $f(x)$ 连续知 $f(\alpha)=\lim\limits_{n\to\infty}f(x_n)=a$，矛盾.

因为 $f(\xi)>f(a)$，故 $\forall x\in(\alpha,\xi)$，$f(x)>f(a)$. 令 $B=\{x\mid f(x)=f(b),x>\alpha\}$，因为 $b\in B$，故 B 为非空有界集合. 记 $\beta=\inf B$，可证 $\beta\in B$.

因为 $f(a)<f(b)$，故 $\forall x\in(\alpha,\beta)$，$f(x)<f(b)$. 若 $\beta<\xi$，则取 $[c,d]=[\alpha,\beta]$ 即可.

若 $\beta>\xi$，令 $C=\{x\mid f(x)=f(a),x<\beta\}$，记 $\gamma=\sup C$，可证 $\gamma\in C$，故 $\forall x\in(\gamma,\beta)$，$f(x)>f(a)$. 因为 $(\gamma,\beta)\subset(\alpha,\beta)$，所以 $\forall x\in(\gamma,\beta)$，$f(x)<f(b)$. 于是取 $[c,d]=(\gamma,\beta)$ 即可.

3. **证** (1) 由于 $f(x)$ 在 $[0,1]$ 上连续，且 $f(0)<\frac{1}{2}<f(1)$，由介值定理，$\exists c\in(0,1)$，使得 $f(c)=\frac{1}{2}$，进而由拉格朗日中值定理，$\exists\eta_1\in(0,c)$，$\eta_2\in(c,1)$，使得

$$f'(\eta_1)=\frac{f(c)-f(0)}{c-0}=\frac{1}{2c},f'(\eta_2)=\frac{f(1)-f(c)}{1-c}=\frac{1}{2(1-c)}.$$

因此

$$\frac{1}{f'(\eta_1)}+\frac{1}{f'(\eta_2)}=2c+2(1-c)=2.$$

(2) 同(1)，因为 $a,b>0$，因此 $f(0)<\frac{a}{a+b}<f(1)$，由介值定理，$\exists d\in(0,1)$，使得 $f(d)=\frac{a}{a+b}$，进而由拉格朗日中值定理，$\exists\xi_1\in(0,d)$，$\xi_2\in(d,1)$，使得

$$f'(\xi_1)=\frac{f(d)-f(0)}{d-0}=\frac{a}{(a+b)d},f'(\xi_2)=\frac{f(1)-f(d)}{1-d}=\frac{b}{(a+b)(1-d)}.$$

因此

$$\frac{a}{f'(\xi_1)}+\frac{b}{f'(\xi_2)}=(a+b)d+(a+b)(1-d)=a+b.$$